学生地理探索丛书

Geographical exploration series

全球最美的
国家公园
NATIONAL
PARKS

总策划/邢 涛　主 编/龚 勋

THE MOST BEAUTIFUL

重庆出版集团　重庆出版社
果壳文化传播公司

全 / 球 / 最 / 美 / 的 / 国 / 家 / 公 / 园

BEAUTIFUL NATIONAL PARKS OF THE WORLD

FOREWORD

前言

在人类赖以生存的地球上，自然界亿万年的沧海桑田造就了无数令人震撼的自然景观。大自然的造化之工，真是令人赞叹。《全球最美的国家公园》采撷了全球最美的一些国家公园、名山大川以及江河湖泊，展示了最能体现大自然造化神工的自然奇景。

看看沙漠那些形象的岩石与尖峰，听听火山喷发的隆隆声，感悟感悟江河湖泊惊人的美丽。让我们一起踏上这趟不可思议的旅程，去欣赏自然界最不寻常的风景吧！黄石国家公园、奥林匹克国家公园、红杉树国家公园、比利牛斯山、阿尔卑斯山、莱茵河、刚果河、瓦塔湖、泸沽湖……从南半球到北半球，从过去到现在，在浩如烟海的岁月里，有多少美丽的奇迹被创造出来。本书让你领略最顶级的原生态风光，让我们一同来感受自然的雄浑壮美。

本书图文并茂，集知识性、观赏性于一体。数百幅富有冲击力的精美图片将罕见的旷世盛景展现在你的眼前。阅读本书，你足不出户就可以观赏全世界的神奇美景，领略大自然的无穷魅力。

如何使用本书

为了方便读者阅读本书，下面向读者介绍《全球最美的国家公园》的使用方法。本书共分为"世界著名国家公园篇"、"山岳篇"、"江河篇"和"湖泊篇"四个篇章，按地形地貌的不同，分别介绍了世界各地的不同景致。每个篇章都分为若干知识点，详细介绍了与主题相关的知识内容。

书眉 ●
　　双数页书眉标示丛书名，单数页书眉标示书名。

副标题 ●
　　对主标题的补充说明。

主标题 ●
　　当前页主要地理景观的名称。

引言 ●
　　对当前主题内容的简明阐述，引领读者进入全篇。

内文 ●
　　对当前页地理景观的详细介绍。

辅标题 ●
　　构成该地理景观的知识点的名称。

辅标题说明 ●
　　对辅标题知识点所做的具体阐述和讲解。

图片 ●
　　与当前页地理知识相关的图片，让您对相关内容有更真切的认识。

地貌多样的自然保护区

普林塞萨地下河国家公园

普林塞萨地下河国家公园位于菲律宾巴拉望省北岸圣保罗山区，距巴拉望省首府普林塞萨港市的市中心西北大约80千米。这里北临圣保罗湾，东靠巴布延海峡，由陆路和水路都可以到达。公园的特色是雄伟的石灰岩喀斯特地貌和那里的地下河流。

普林塞萨地下河国家公园包括各种各样的地形：广袤的平原、起伏的丘陵和高峻的山峰，其中给人印象最深刻的是圣保罗山区的喀斯特岩溶地貌景观。公园90%的地貌都是由圣保罗山周围尖锐的喀斯特石灰岩山脊组成的。而圣保罗山本身则由一系列浑圆的石灰岩山峰沿着巴拉望岛的西海岸南北轴向连绵而成。公园的主要景观是被人们称为"地下河"或"圣保罗洞"的8000多米长的地下河。洞内林立着钟乳石和石笋，还有几个120多米宽、60多米高的大溶洞。地下河在圣保罗山以西大约2000米的地方流出地面，几乎在地下奔流了整整8000米后进入圣保罗湾。这个地方还是不

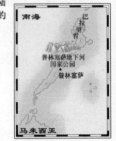

同生物的保护区，保护了亚洲一些非常重要的森林资源。

丰富的生物资源

普林塞萨地下河国家公园所在的巴拉望岛是冰川时期形成的大陆桥残迹，因此这里的动植物群与菲律宾其他地区的动植物群有很大的差别。公园里有三种森林形式：低地森林、喀斯特森林和海岸森林，大约2/3受保护的植被都处于原始状态。低地森林是巴拉望潮湿森林的一部分，是世界野生动物保护基金组织保护的200个生态区域之一，以其所拥有的亚洲最繁茂的树木植物群著称于世。喀斯特森林只生长在公园

普林塞萨地下河的奇特面貌引人入胜。

山岳是地球演变过程中形成的自然景观，你想领略山岳的雄伟吗？它们形象高大，锋棱迸天。

喜马拉雅山或武雄壮，昂首天外，地形几变险峻，环境异常复杂，垂落于欧洲中心的阿尔卑斯山是欧洲最高大的山脉，和龙塔斯峰之所积雪的山峰，云蒸霞蔚，俯伤多姿，泰山是我国的"五岳"之首，有"天下第一山"之美誉，自然景观很真大可能千年珊瑚文化的渗透和诠释以及人文景观的烘托，孔子留下了"登泰山而小天下"的赞叹，杜甫到留下了"会当凌绝顶，一览众山小"的千古绝唱，还有嗷嗷奇拘的黄山，矗立水畔，巍峨矗立……

篇章名称 ●

每章所要介绍内容的总括。

普林塞萨地下河国家公园包括一个完整的"山一海"喀斯特生态系统。

巴拉望孔雀雉

● 篇章内容概述

用高度简练的文字对该篇章的主要内容进行介绍，使读者大致了解该篇章内容的结构脉络。

土壤较多的有限区域内。海岸森林只有不到4万平方米的面积。公园生物资源丰富，除了三种森林类型外，还有红树林、苔原、海草地、珊瑚礁等。这里的动物多数是无脊椎动物，地方性的哺乳动物包括豪猪、臭獾等。这里还有其他一些哺乳动物如熊狸、食蚁兽、东方小爪水獭、食蟹短尾猿、麝猫等。公园的海域里还生活着儒艮。这里的鸟类则包括苍鹭、猫头鹰、白腹金丝燕、小金丝燕、海鹰等。地下河的河道和溶洞里还生活着大量的金色燕和几种蝙蝠，凤尾雉鸡也有发现。

巴拉望孔雀雉

巴拉望孔雀雉是世界上最漂亮、最富吸引力的鸟类之一。生活在巴拉望山区。雄性成鸟的颈及翼上的羽毛呈带有光泽的蓝色。头上生有一个高而尖、呈金属蓝绿色的冠。尾部的羽毛是棕黑的，有白点及蓝绿色的眼状斑。雌鸟体形较小，呈棕色。在求偶时，雄鸟会展示其鲜艳夺目的羽毛。它们的繁殖期在3~8月间，每次只产卵两枚。雌鸟单独孵卵19天，并负责饲养雏鸟。

● 小资料

与当前页内容相关的背景知识。

公园内还有一小块海域，里面生活着珍稀动物儒艮。

● 图片说明

对图片的文字说明，同时讲解与正文有关的知识点。

BEAUTIFUL
NATIONAL PARKS
OF THE WORLD 目录

Part 1 National Geoparks
第一章 世界著名国家公园篇

Part 2 Hills and Mountains
第二章 山岳篇

Part 4 Beautiful Lakes
第四章　湖泊篇

第一章
世界著名国家公园篇

Part 1
National Geoparks

　　国家公园是指国家为了保护一个或多个典型生态系统的完整性，为生态旅游、科学研究和环境教育提供场所，而划定的需要特殊保护、管理和利用的自然区域。

　　在国家公园里，你会看到这样的美景：鱼儿在湖面欢快地吐着泡泡；不远处的几只雄驼鹿小心翼翼地散着步，低声交谈；矫健的羚羊炫耀着线条优美的长腿，你来我往地欢跃蹦跳；温顺的骡鹿向行人温柔地行着注目礼，你看它的时候，它水汪汪的大眼睛也目不转睛地看着你……

　　在国家公园里，你还能看到险象环生的死亡峡谷、犹如海浪的波浪峡谷、精致天成的石拱门、晶莹剔透的木化石、千奇百怪的沙漠植物……

大自然的鬼斧神工
拱门国家公园

拱门国家公园位于美国犹他州东部的科罗拉多高原上，占地309.7平方千米，每年约有85万访客。有些人来此地是为了研究特殊地貌，或者是对大自然的演变感兴趣；而更多的人则是为了一睹闻名退迹的"拱门"奇观。无论动机为何，"拱门"的雄伟壮观及研究价值都是受到肯定的。

公园中的岩拱编入目录的超过2000个，其中最小的只有3米宽，最大的风景线拱则长达93米。公园里不只有拱门，还有为数众多的大小尖塔、基座和平衡石等奇特的地质现象；所有的石头上更有着颜色对比非常强烈的纹理。公园里长24千米的景观道路连接所有壮丽的风景及各主要拱门，不过几乎都是远远地看，想近看就得走一段不算短的路。众景观中，"幽雅拱门"是最有名的，犹他州标志上的图案就是它，而且还是少数只残留拱形的石头之一。每年的4~10月间，岩拱所在的荒野到处都盛开着五彩缤纷的野花，这些野花依靠融化的雪水或是夏季雷雨的滋润茁壮地生长，不浪费每一缕能够享受到的阳光。这块表面上的荒芜之地却是沙漠动物的家园，从眼镜蛇到美洲狮到收获蚁，无所不有。

岩拱成因

拱门国家公园拥有大量岩拱的原因是此处岩石中盐分的存在。几亿年前，岩拱地区曾是一片汪洋，海水消失以后又经过了很多年，盐床和其他地质碎片挤压成岩石，并且越来越厚。随着沉积物的日积月累，岩层受到的压力越来越大，并且慢慢变形。粉沙状的岩石开始像热油一样流动，较厚的岩石层逐渐变薄，而较薄的岩层则从地表隆起。尽管拱门国家公园地区雨量极小，但正是这些雨水塑造了这里的地形。在冬季，岩层中的

各式天然石拱散布在公园内，体现着风和水的侵蚀神工。

拱门国家公园像是一个大盆景，造化的各种神奇都集中地呈现在这里。

美洲狮

美洲狮

美洲狮产于南、北美洲，是猫科动物中体形最大的。每只雌性美洲狮的领地大约50～60平方千米，它们经常在岩石上蹭来蹭去就是给自己的领地作标记的一种方法。它们还会在路上留下一些气味来告诉其他同类它们曾从这里路过，以便雄性狮可以寻迹找到它们。雄性美洲狮体形比雌性大，脸上长有毛。美洲狮通常在深夜和凌晨捕食和进食，它们最喜欢吃的是野兔。美洲狮还有爬树的本领，这一点又与豹更相像，真正的狮、虎是没有这种本领的。因此，动物学家根据美洲狮的形态特征，多把其列为豹类。

水受冷结冰而膨胀，使岩石颗粒和薄片脱落，出现了孔洞。随着时间的流逝，水、融雪、霜和冰渗入，侵蚀使孔洞的形状进一步扩大。最后，孔洞中的大块石头脱落，石拱形成。岩拱高耸在光秃秃的、平滑的砂岩上，这些砂岩在阳光的照耀下发出微黄或铁锈色的光辉。砂岩形成于数百万年前，零星的矮松或红松点缀在砂岩上，它们扎根于岩石碎裂所形成的土壤中。

石拱"北窗"是被称为"眼睛"的一对石拱中的一个。

每年都有数十万的游客抱着各种目的来到这里，无不感叹岩拱的壮观神奇。

沙漠里的奇山异石

乌卢鲁国家公园

乌卢鲁国家公园位于澳大利亚北部地区，总面积1325平方千米，主要由艾尔斯岩石和奥尔加山构成。"乌卢鲁"就是土著人对艾尔斯岩石的尊称，意为"庇难及和平的地方"。这里以奇特的岩石组合闻名于世，而在地质学家的眼里，它们代表了特殊的构造和侵蚀过程。1987年和1994年，联合国教科文组织将乌卢鲁国家公园作为自然和文化遗产，列入《世界遗产名录》。

澳大利亚

乌卢鲁国家公园

堪特尤峡谷
艾尔斯岩石

澳大利亚的沙漠和近似沙漠的土地约占全国面积的1/3，因此，有人形容澳大利亚是一块"不为人类准备的土地"。乌卢鲁国家公园便处于澳洲大陆沙漠的中心，那里干燥荒芜，十分凄凉，遍地的沙粒诉说着干涸的难耐，座座由沙堆积成的矮丘犹如坟墓般证明着生命的难存。这里不见漫漫黄沙，人的目光触及到的全是一片片如血的红色沙漠。红色意味着本地区经历了亿万年的高温干旱，地表的氧化作用很强；红沙便是氧化铁类物质覆盖地表的结果。

艾尔斯岩石

奇异的岩石是乌卢鲁最独特的风景。这里静卧着一块世界上最大、最高的磐岩独石——艾尔斯岩石，它因1872年欧洲人艾尔斯首先发现而得名。巨石正好耸立在澳大利亚的几何中心上，四周为平原，一石凸起，大有顶天立地之貌。巨石高出四周平地348米，长3千米，宽2.5千米，

基部周长约10千米，东面高而宽，西面低而窄。岩石形成于6亿年前，是目前世界上最大的整块单体巨石。艾尔斯巨石上没有天生的节纹和层理，表面光滑，寸草不生，鸟兽不栖。岩石色泽赭红，光溜溜的表面仿佛发着光芒，在数千米以外就可看见，分外雄伟神秘。艾尔斯岩石最吸引人的是它的颜色会随着不同的天气和光线而发生改变。当天露微曦，原野初染光华，岩石表面如繁星撒落，闪闪烁烁。一旦红日从地平线升起，霞光万道，耀眼的炽红烧褪岩面的暗褐色，越烧越红，越红越亮。傍晚，太阳降落，它先是紫红色，逐渐更加深暗，几乎像紫罗兰般的深紫。当天空垂下了幕帘，万花筒般的景色霎时浓墨一片，只隐约可见那波浪般起伏的岩石线条。天降阵雨之时，雨水沿石壁流下，形成千万条小瀑布，仿佛千万匹白绢飘然而下；之后水势越来越

土著人相信，奥尔加山洞中住着一个能呼风唤雨的魔鬼，发完脾气就变成了彩虹。

艾尔斯巨石主要由红砾岩组成，岩石表面的含铁氧化物衬着空中的光彩，闪闪发光。

大，渐渐汇合成几个大瀑布，好像巨龙从天而降，声如巨雷。

奥尔加山

从空中俯瞰，艾尔斯岩石这庞然大物不过是茫茫红色沙漠中的一颗红色小石而已。它边上陪伴着高低起伏的卵圆形岩石，那就是奥尔加山，其盛名不在艾尔斯岩石之下。当地土著人管它叫"KATATJUTA"，就是"许多头颅"的意思。这座山由28块圆形大岩石组成，有的连在一起，有的个别独立，最高峰约540米，从地面算起，比艾尔斯岩石高190多米。奥尔加山岩面裂缝中多清水，故各种野生动植物能生存其上，因此看上去比艾尔斯岩石更具活

力。在岩石堆中攀岭越谷，眺望远处的迷雾和近处的飞沙，完全是一派粗犷的大漠风光。奥尔加山是由沉积岩构成的，由于组成岩石的物质比较软，又因为长期遭受风雨的侵蚀，岩石表面被磨蚀，最终形成了现在的圆屋脊形状。据传，过去这里是土著人举行祭祀和舞蹈聚会的原始自然图腾之地。当地人认为，奥尔加山不仅仅是岩石，而且还是位"巨人"。

鸸鹋是澳大利亚国徽右侧的图案。

珍稀动物的乐土

大沼泽地国家公园

大沼泽地国家公园位于美国南部的佛罗里达州，这里沼泽遍布，河道纵横，小岛数以万计，陆地、水泊、蓝天浑然一体，为无数的鸟类和爬行动物，以及海牛一类的濒危动物提供了很好的避难场所。美国作家道格拉斯曾经把这片沼泽地描述为"地球上一个独特的、偏僻的、仍有待探索的地区"。

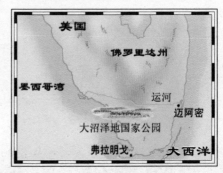

整个大沼泽长约160千米，宽约80千米，中央是一条浅水河，河上有无数低洼小岛，或叫"硬木群落"。这条河发源自奥基乔比湖。湖水深不及膝，但面积却有1865平方千米；每年6～10月雨季高峰时，一天降水量可多达300毫米。湖水溢出堰堤，注入河中，使其水位上涨。沼泽西部，河水流经与墨西哥湾接壤的大赛普里斯沼泽。光秃秃的柏树在水中耸立着，树的四周黏着一簇簇从树根长出的藤根。当河流向东南方向缓缓地流淌时，大海与之汇合，咸水与淡水在此融为一体。

美洲红树在这里生长得很繁茂，因为其根部可以伸出软泥之上摄取空气。其交错盘生的树根形成水位障壁，拦阻大量泥沙、各种残骸和漂浮物，从而形成新的小岛。

动物避难所

每当莎草被淹没在洪水中或河水因干旱而干涸时，这些沼泽地中的小岛就成了动物的避难所。在莎草丛生处可以看到青蛙，而在裂开似的荚果里是成群的蚱蜢。每逢夏天，热带斑纹蝴蝶便经常在这些硬木群落出没。沼泽水中还生长着许多种鱼、蝌蚪及蜗牛等软体动物，这些水生生物的存在使此处成为世界上一个鸟类圣地。19世纪80年代，随着更多拓荒者的涌入，成千上万只鸟儿被杀以供给羽毛。1905年，当局通过了一项法律以保护这一带被禁猎的鸟雀。现在有超过350种鸟雀在此栖息或经常到访，包括笼鹭、苍鹭、白鹭及蛇鸟。沼泽内还潜伏着巨大的鳄鱼。在干旱的季节，它们用头和尾巴猛烈

大沼泽地成了濒危野生动物的避难所。

辽阔的沼泽地和星罗棋布的各种树林为野生动物提供了安居之地，使这里成为美国本土最大的亚热带野生动物保护地。

大沼泽地有着极为丰富的野生动物资源。数百种鸟类每年有一段时间生活在这里，尤其是涉水禽鸟，如大青鹭。

沙丘鹤

拍击泥沼，为自己挖出水坑，同时也为其他干渴的动物提供活命的水源。

保护濒危动物

大沼泽地国家公园有许多珍稀动物。曾面临灭绝危险的美洲短吻鳄，如今正在这里繁衍生息。这里还有300余种鸟类，包括20世纪初曾被大量捕杀的玫瑰色阔嘴鸭。鱼泥龟、海豚和幼鲨也在这一带酷热的水域内寻找红树树根，栖息其上。此外，海岸附近繁忙的水上交通导致许多海牛死亡，更多的则被机动船的螺旋桨弄得伤痕累累。目前，佛罗里达州仅剩下约1000头海牛，保护海牛的计划正在进行中。忍受文明的伤害的不仅仅是海牛。20世纪早期，拓荒者发现死去的莎草层是很好的肥料，于是开始排水、灌溉。现在约1/4的大沼泽地成了农田。这一切破坏了大沼泽水源与野生动植物之间的平衡。但形势正在转变，人们正在对曾被农业污染的奥基乔比湖进行净化。湿地的保护不仅仅是对环境或是世界遗产的保护，同时还是对当地主要淡水资源的保护，也是保持健康的海洋和河口环境的关键所在。

沙丘鹤

沙丘鹤又称"加拿大鹤"、"棕鹤"，它的骨骼化石曾发现于上新世的堆积层中，是世界鸟类骨骼化石中最古老的一种。它分布在北美洲及亚洲的西伯利亚东北部。美国佛罗里达州的面积约100平方千米的格列湖沼泽是沙丘鹤的典型集中巢区，也是全世界鹤类巢区密度最大的地方，有250对沙丘鹤在这里营巢。沙丘鹤是一种非常美丽的鹤，体羽灰色，稍带棕褐色，前额和头顶有一块裸露的红斑，体长1米左右。它的性情十分活泼，善于跳跃，经常在繁殖季节边跳边舞，最高可跳3米多。

洁净的圣地
沃特顿冰川公园

沃特顿冰川公园位于加美边境，由位于加拿大艾伯塔省西南角的沃特顿湖国家公园与坐落于美国蒙大拿州西北端的冰川国家公园共同组成，是世界上第一座国际和平公园。公园内冰川林立，湖泊众多，堪称一块圣地、一片净地、一个神秘的花园、一件大自然以百万年的时间和心力创作的艺术品。

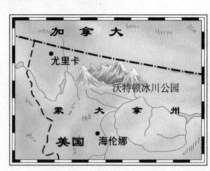

沃特顿湖位于加拿大西南部艾伯塔省与美国西部蒙大拿州交界处，从北向南依次是罗乌亚湖、米德尔湖、阿帕湖和沃特顿湖。远古时期，这里曾经是茫茫大海。后来由于造山运动，这里隆起为高山。在第四纪冰川时期，巨大的冰川刻蚀山岩，形成了到处可见的两侧岩壁笔直陡峭、底部宽阔的冰川谷，以及650多个湖泊。两种相对的气流强烈影响着沃特顿湖区的气候：一种是干冷的来自北极大陆的冷空气；另一种是对沃特顿湖影响相对更大的来自太平洋的湿润空气。因此，湖区夏季晴朗凉爽，冬季湿润多雪。而北美

特有的奇努克风，这是一股强烈的干暖西风，冬春两季从太平洋海面上吹向美国西部海岸和加拿大西北部海岸，并顺着落基山脉南下，对北美洲的气候有较大影响，它使湖区冬季的气温在大部分日子里都保持在0℃以上，使得这里成为加拿大冬季最温暖的地区之一。

冰川家园

冰川国家公园位于美国蒙大拿州北部与加拿大相毗连的国境线上，落基山脉从北到南贯穿公园中心，因这里有约50条冰川而得名。在冰川国家公园中以布莱福特冰川最大，占地4.8平方千米，位于杰克逊山和布莱福特山北坡。这里的山脊好像一把把利刃，被冰川剥蚀成像金字塔似的峰峦覆盖着皑皑的白雪，显得格外妖娆。地震将山峰上的岩石扭曲、折裂并使它们倾斜成一幅令人难以置信的叠层岩几何图形。每一岩层构成一座平台，往往不足1米厚，雪花堆积其上，把整个山峰点缀成了黑白相间的条纹模样。冰雪消融

格伦湖边长满像熊尾巴的一样的"熊草"（丝兰、旱叶草）。

公园内最美的圣玛丽湖，长16千米，四周为群山环抱。

之际，绕着山峰的陡峭山谷更呈现出优美的曲线。

多样的生态区

由于受到北美大陆性气候与太平洋海洋性气候两个对立体系的控制，以及海拔与坡度等综合因素的影响，园区形成了五种不同的生态区，分别为高山苔原区、亚高山森林区、山地森林区、山杨林区和草原区。高山苔原区林线之上的地方在短暂的夏季会开满小野花，而在更高海拔处则植被稀疏，偶见地衣、苔藓附着于裸露的岩石表面。亚高山森林区里常见的植物是短桦、耐寒的赤杨、弯曲的亚高山冷杉与低矮的灌木丛。在公园低海拔至中海拔地带则为山地森林区，最典型的树种是道格拉斯冷杉。山杨林区是从针叶林区过渡到草原区的中间地带，主要植被就是山杨。公园最低处的生态区是位于海拔不足千米的平坦草原，东向坡山麓之间的植被以成片的牛毛草为主；而较湿润的西向坡则分布着山艾灌木与黄松木。在这多样的生态环境中，也孕育了种类众多的野生动物。公园内最大的哺乳类动物是大角鹿，多栖息在低海拔处湿润的溪流沿岸与沼泽湖泊一带。较大型的肉食动物包括黑熊与灰熊，以及较罕见的灰狼与美洲豹；小型哺乳类动物则有土拨鼠、松鼠、花栗鼠、野兔、獾、水獭与郊狼等。在森林山谷间，还有200多种鸟类栖息或途经于此。湖泊溪流中，悠游着彩虹鳟、湖鳟、棕鳟、河鳟等各式鳟鱼与其他鱼类。从最低的河床到最高的山峰，公园缤纷多样的生态环境为野生动物提供了一个栖息的乐园。

亚高山森林区的植被类似于北方副极地地区的情况。

会移动的冰川
冰川国家公园

冰川国家公园是阿根廷一个由高山、冰湖构成的奇特而美丽的地方。公园内包括雪峰环绕的阿根廷湖；在湖的远端三条冰川汇合处，乳灰色的冰水倾泻而下，像小圆屋顶一样巨大的流冰带着雷鸣般的轰响冲入湖中。公园内著名的莫雷诺冰川是地球上冰体仍在向前推进的少数"活冰川"之一，已被联合国地理保护组织列为"全人类自然财富"。

冰川国家公园内冰川的活动主要集中于湖区，其实这个湖区本身也是古代冰川活动的产物。这里气候寒冷，积雪终年不化，为冰原的形成创造了十分有利的气候条件。公园东部以阿根廷湖为首，湖泊星罗棋布，多条冰川汇集此处。从巴塔哥尼亚冰原漂移过来的冰川，有10座分布在冰川公园内，分别由南向北排列。其中，除莫雷诺外的9座冰川都在消融，消融的冰水注入大西洋。而莫雷诺冰川是世界上少有的正在生长的冰川。其正面宽约4千米，高60米，长34千米，犹如一条巨大的蟒蛇蜿蜒在巴塔哥尼亚高原上的阿根廷湖。从难以推算的遥远年代开始，这道冰川自雪峰沿山谷向下推进，一直伸进湖水中。1917年，冰川的前端第一次触及了湖的彼岸。又过了几十年，它终于牢牢地靠上了湖岸，把这一段狭长的湖面完全截断。湖中水位随之上升二三十米，将峡谷中高大的南洋杉和山毛榉都淹没了。在这里，人们可以清楚地看到冰川是怎样从雪山顶上"倾泻"而下的。最令人叹为观止的是莫雷诺冰川大崩塌：巨大的冰块发出雷鸣般的轰响，从几十米高处坠落，激起的波涛也窜起数十米高，像海啸一样。这种惊心动魄的场面，短的持续1天，长的可延续3天。大崩塌三四年发生一次，一般在2～3月间。

莫雷诺冰川

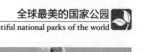

冰川国家公园是一个奇特而美丽的自然风景区，有着崎岖高耸的山脉和许多冰湖。

公园内不时可以听到跌入湖中的冰川体引起的轰然巨响。

阿根廷湖

阿根廷湖是一个坐落于阿根廷南部圣克鲁斯省的冰川湖，面积1414平方千米，海拔215米，湖深187米，最深处达324米，湖水清澈。这里以著名的冰块堆积景观闻名于世。该湖容纳来自周围150多条冰川的冰流和冰块。巨大的冰块互相撞击，缓缓向前移动，有时形成造型奇特的冰墙，高达80米，组成洁白玉立的冰山雕塑。阿根廷湖湖畔雪峰环绕，林木茂盛，景色迷人，为阿根廷最引人入胜的旅游景点。

公园内的动植物

阿根廷冰川国家公园的植被主要由两个界限明显的植被群组成：亚南极的巴塔哥尼亚森林和巴塔哥尼亚草原。森林中主要的物种包括南方的山毛榉树、南极洲假山毛榉、晚樱科植物、虎耳草科植物等。

巴塔哥尼亚草原由东而始，有一大片针茅草丛，其间散布着一些矮小的灌木丛。而在海拔1000米以上的半荒漠地区长有旱生植物垫子草，更高的区域则由冰雪覆盖的山麓和冰川组成。公园里还生活着不少稀有或濒临灭绝的动物，例如分趾蹄鹿、水獭、矮鹿、羊驼、秃鹰等；而喜欢群居的啮齿目动物南立大毛丝鼠是公园内特有的。公园内记载的鸟类达上百种，其中较为著名的品种有土卫五鸟、安第斯秃鹰、野鸭、黑脖雀等。除鸟类之外，还有其他的脊椎动物生活在公园中。在哺乳动物中，有一群南安第斯的骆马类动物居住在其他动物并不涉足的区域内。其他重要的脊椎动物还有阿根廷灰狐狸、澳大利亚臭鼬等。1893年，有人在这里发现了一种已灭绝动物磨齿兽的皮。

万园之王
黄石国家公园

黄石国家公园是美国历史最悠久、规模最大的国家公园，也是世界上最大的自然保护区之一，位于美国西部怀俄明州西北落基山脉的熔岩高原上，因园内黄石河两旁的峡壁呈黄色而得名。公园内不仅拥有各种森林、草原、湖泊、峡谷和瀑布等自然景观，其大量的热温泉、间歇泉、泥泉和地热气孔，更构成了享誉世界的独特地热奇观。

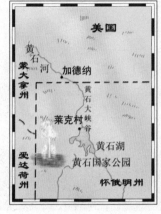

黄石公园最著名的地理景观非间歇泉莫属。分布在公园里的大大小小的间歇泉共有300个以上，其中最知名的就是"老忠实"间歇泉。"老忠实"平均每隔70分钟喷发一次，喷发时如万马奔腾，在阳光的辉映下，水蒸气闪出缤纷色彩，蔚为壮观；而且每次喷发大约维持在1分半到5分钟之间。就因它拥有准确固定的喷发周期，因此得"老忠实"之名，也一直是黄石公园地热活动的象征。近年来，由于地震和人为因素的影响，"老忠实"的喷发时间有时会发生偏移，偏移范围大致在45～100分钟不等。

玛默斯区梯田

玛默斯区位于黄石公园的西北部，是公园管理处和游客服务中心所在地。由于此处的地下热泉中溶有较高的碳酸钙离子，热泉在熔岩热力的作用下形成一口"上升井"，自地表一个泉眼中涌出，并向低处流淌冷却，随即慢慢在山坡上沉积碳酸钙结晶。天长日久，碳酸钙沉淀便形成了这种石灰岩"梯田"，而热泉中滋生的各种藻类又为"梯田"披上了一层层彩衣。由于热泉不断地作用于地层，玛默斯区梯田的形状一直在变化中，所以它又被誉为"黄石公园活雕塑"。玛默斯区梯田分为上梯田和下梯田两部分，其中景色最为壮观耀眼的密涅瓦梯田就位于下梯田中主梯田的右侧。

高达94米的黄石大瀑布是黄石公园中最大的瀑布。

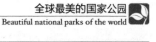

"老忠实"间歇泉是世界上最著名的间歇泉。它有规律地喷发至少已有200年了，始终给人以深刻的印象。

黄石河

如果说地热活动是创造黄石奇景的工具，那么河流则是大地塑造黄石美景的另一只圣手。黄石河由怀俄明州穿越黄石公园地区至北边的蒙大拿州境内，总长1080千米，是北美密苏里河的一大支流。黄石河宽阔汹涌，将山脉切穿为陡峭的河谷，从而创造了壮观的黄石大峡谷。每当阳光洒落，峡谷两岸峭壁特有的金黄色色彩，令黄石公园更加名副其实。

黄石湖和黄石瀑布

黄石河结合了其他水系汇集出总面积达353平方千米的黄石湖，构成黄石地区的水域网，同时造就了湖区的特殊气候，与之相应，也形成了湖区特有的自然景观。野牛、美洲狮等上千种动物在此生息繁衍，成为野生动物活动的乐园。此外，由于黄石河穿过地势险峻的山区，且水源充沛，河流及其支流深深地切入峡谷，形成许多激流瀑布，黄石大瀑布便是黄石公园中另一处展现大自然神奇力量的壮丽景观。大瀑布水流从山间奔腾而下，水声震耳欲聋，响彻峡谷两侧。

黄石湖是美国最大的高山湖群。

火山之家

汤加里罗国家公园

汤加里罗国家公园位于新西兰北岛中央，建于1887年，是新西兰最早的国家公园，主要以鲁阿佩胡、瑙鲁霍伊和汤加里罗火山三个著名的活火山为核心。园内，苍翠的天然森林环抱着重峦叠嶂的群山、绿草如茵繁花似锦的草原和绿波荡漾的火口湖，一派火山园林风光。

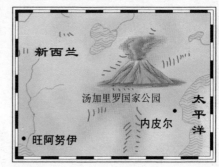

汤加里罗国家公园内巍峨壮丽的火山上，景色千姿百态。潮湿的低坡林木参天，高坡上长着石南，再往上则零星生长着山毛莨和腊菊。公园里还有56种鸟类。其中几维鸟是新西兰国鸟，新西兰的国徽和硬币都用它作标记。此外，当地毛利人特殊的住房和生活习惯也吸引着不计其数的游客和科研人员前往。

鲁阿佩胡火山

鲁阿佩胡火山是北岛的最高点，海拔2797米，山顶终年白雪皑皑，是著名的滑雪胜地。在新西兰土著毛利语中，"鲁阿佩胡"是"喷火的火口"之意。鲁阿佩胡火山1945年的喷发，时间持续了将近1年，喷出的火山灰和黑色气体最远飘到惠灵顿；在1975年的一次喷发中，气柱高达1400米；火山在1995年9月和1996年6月也曾喷发过，而且至今仍喷着烟。

瑙鲁霍伊火山

公园三座火山中最壮观的是瑙鲁霍伊火山。此火山是十分典型的圆锥形火山，山坡陡峭，顶部是直径400米的火山口。瑙鲁霍伊火山烟雾腾腾，常年不息，只有很少的晴天才能看到积雪的山腰和顶峰。自19世纪30年代以来，它一直处于活动状态。瑙鲁霍伊火山的喷发多姿多彩，有时喷出的熔岩顺山坡流淌，会改变火山的形状；同时，喷发也使火山口的形状不断变化，并在主火山口内重新生成次生火山

瑙鲁霍伊火山终年积雪，高耸云际。

鲁阿佩胡火山顶有一个水温很热的硫黄湖。

锥。据毛利人传说，火山活动是由最早的毛利族部落首领恩加图鲁带到本岛来的。他从气候温暖的家乡波利尼西亚朝南旅行，老远就看到了这些白雪皑皑的山峰，于是带着女奴瑙鲁霍伊出发登山，并吩咐其余的随从在他登山时斋戒。然而，他的随从未遵从他的吩咐而破了戒，神灵非常生气，在山上降下暴风雪，将他们变成了冰柱。恩加图鲁知道后祈求神灵原谅，于是神灵送火到山顶，这些火种变成巨大的火柱从一座火山口喷出，救活了众人。为了感谢神灵，恩加图鲁把随身女奴的尸体扔进了火山口。为了怀念瑙鲁霍伊，人们就将这座火山以她的名字命名。

汤加里罗火山

汤加里罗火山海拔1968米，峰顶宽广，包括一系列火山口。这里有许多间歇泉向空中喷射沸水，还有许多泥塘沸腾翻滚，向上冒泡。山顶气泡爆裂声震耳欲聋，空中弥漫着浓烈刺鼻的硫黄味。此地原来归毛利族部落所有，毛利人视其为圣地。1887年，毛利人为了维护山区的神圣，不让欧洲人把山分片出售，就以这三座火山为中心，把半径大约1600千米内的地区献给国家，作为国家公园。1897年新西兰政府将这三座火山连同周围地区正式开辟为公园，并定名"汤加里罗"。

北岛最大的滑雪场位于海拔2797米的鲁阿佩胡火山脚下。

北极圈附近的明珠

丹那利国家公园

丹那利国家公园是美国仅次于黄石公园的第二大公园，位于阿拉斯加州。公园以北400千米就是北极圈，这里地处边陲，人烟稀少，气候寒冷，自然风光独特。在丹那利国家公园里，最著名的就是北美第一峰麦金利山，其次，这里极其原始的生态环境也让人心驰神往。

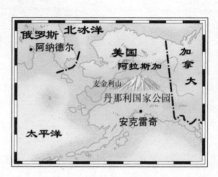

丹那利国家公园拥有非常原始却又能为人接受的自然荒野：一个完全自给自足的野生环境区。因为只有那些能够挨过漫长寒冷冬季的植物才能在这个亚北极地区生存，所以公园内除了一些开花的植物外，多是苔藓、地衣、真菌、藻类等植物。此外这里有35种以上的哺乳动物和130种以上的鸟类。这里的一切都顺着自然发展，生态平衡并没有因为人类的出现而遭到破坏。一条于1937年完成的单线小路穿过崎岖不平的冻原，攀爬过陡峭的岩石表面，直入公园。私人的交通工具在此严禁使用，大多数的访客都搭乘巴士来欣赏自然风景和野生动物。户外运动和露营者只能徒步入山，并不得携带任何武器，人类所扮演的只是旁观者的角色。在路上，你可能只会见到一两只动物，但是可能让人终生难忘：动物们就在与你相距咫尺的地方出现，也可能你会看到一只野狼在追逐一只大麋鹿，完全是一幅原始生物的自然进化图。

麦金利山

麦金利山位于美国阿拉斯加州中南部的阿拉斯加山脉中段附近，为北美洲最高峰，海拔6193米。麦金利山原名"丹那利峰"（"丹那利"在印第安语中的含意是"太阳之家"），后来，此山以美国第25届总统威廉·麦金利的姓氏命名。麦金利山在构造上属太平洋边缘山带，形成于侏罗纪末的内华达造山运动。麦金利山为一巨大的背斜褶皱花岗岩断块山，山势陡立，有南北两峰：南峰即海拔6193米的北美洲最高峰，北峰高5934米。麦金利山终年积雪，雪线高度为1830米；南坡降水

麦金利山仿佛一座自平地兀立突起的通天擎柱，气势磅礴地耸立于天地交界处。

美丽的丹那利国家公园是阿拉斯加第一座国家公园，已靠近北极圈。

量较多，发育有规模很大的现代冰川，主要有卡希尔特纳冰川和鲁斯冰川等。麦金利山区由于受到温暖的太平洋暖流影响，气候比较温和，到了夏季更是一片青绿：海拔762米以下的大片森林，以杉、桦树林为主，绿色的森林、雪白的山峰、广阔的冰川在阳光下相互辉映，和谐优美。

登山爱好者的圣地

公园中靠近北极圈处是开阔的大平原，麦金利山屹立在这片孤独的大地上，周围景象已经酷似北极，层层冰雪掩盖着山体，无数冰河纵横其中。在这里，冬季最冷时低于−50℃，有时候，风速可以达到每小时160千米，登山如同是在北极探险。一直到1913年，麦金利才被人类征服，以特德森·斯图克为队长的四人登山队在6月7日由队员沃尔特·赫特登达顶峰。1951年，布拉德福·华斯伯恩开辟了一条通往麦金利峰的新路线。这条新路线从卡希尔特纳冰川开始延伸，现在已成为攀登麦金利峰的传统路线。布拉德福路线引导着更多的业余攀登者在登山向导的带领下到达峰顶，他们一般都愿在春季和初夏这个最佳的攀登季节进行尝试。但有一定登山技术和经验的人们已不愿走这条传统路线，他们认为走这条路线登达顶峰不需什么攀登技术，像上楼梯那样轻松容易。因此，从布拉德福开创这条传统路线以来，登山运动员们又开创了许多攀登路线，如西壁路线、卡斯因路线等。

公园深处的惊奇湖

地壳碰撞的奇迹

库克山国家公园

库克山国家公园位于新西兰南岛中西部，是一个狭长的自然区，长达64千米，最窄处只有20千米，占地700平方千米。公园南起阿瑟隘口，西接迈因岭，正处于南阿尔卑斯山景色最壮观秀丽的中段。公园到处终年积雪，雪峰此起彼伏，有3000米以上的高峰22座，其中库克山雄踞中间，海拔3764米，是新西兰最高峰，有"新西兰屋脊"之称。

库克山国家公园坐落在南阿尔卑斯山雄伟壮丽的中段，1953年起辟为国家公园。根据毛利人的神话故事，天父和地母的孩子在造访人间时变成了石头，这些石头就是后来的库克山以及南阿尔卑斯山脉中一些突起的山峰。而实际上，新西兰南岛崎岖的分水岭是太平洋和印度、澳洲陆块在地壳不断地碰撞及侵蚀后形成的。正是这种持续的碰撞形成了库克山国家公园的壮观景色。在这片土地上，包括了新西兰全境140座超过2000米的山峰，以及27座3000米以上高山中的22座。其中，新西兰第一高峰库克山，海拔3764

毛利人称库克山为"奥伦基"，意为"破云山"。

米，终年积雪，山势峥嵘。此地的天气和它的景致一样令人难以忘怀：本是风和日丽、晴空万里的好天气，但瞬息间就可能狂风大作。

库克山

库克山是新西兰最高峰，也是大洋洲第二高峰。这不仅仅因为它的海拔，而且也因为它那特殊的地质历史。据考古学家研究，库克山在1.5亿年前仍沉在海底，1亿年前地壳开始了造山活动，经过漫长岁月的不断隆起和夷平，再加上冰川的侵蚀，造成了今日库克山的地貌景观，成为一个崭新的地带。而最令人感兴趣的是库克山植被垂直分布的变化。库克山海拔900米以下是山地林木带，这里林木茂密，多野兔、羚羊，是爬山狩猎的理想场所；900～1300米为亚高山带，这里有森林、草地、灌木地以及裸露的岩石；1300～1850

从库克山顶峰向东就是塔斯曼大冰川。

夏季，野羽扇豆花使库克山变得异常绚丽。

库克山脚下的牧场

米为亚高山草地；1850～2150米间是亚高山森林带；在海拔2150米以上属于高山地带，此处寸草不生，只见玄黑色的岩石交错于冰雪之间，山间多冰川、瀑布。库克山国家公园里面聚集雪山、冰川、河流、湖泊、山林，以及动物和高原植被等，给人们的惊奇是其他地方所无法比拟的，尤其是冰川及冰川造就的景观。屹立在群峰之巅的库克山顶峰终年被冰雪覆盖，而群山的谷地里，则隐藏着许多条冰川。其中，塔斯曼冰川长约29千米，宽3.2千米，深600米。在冰川内部，由于它的移动，山体的碎石不断下滑，加上阳光的照射，冰川表面形成了无数的裂缝和冰塔，造型千姿百态，耀眼夺目。在离库克山东侧不远的地方，有两个宁静而美丽的湖泊，一个叫普卡基湖，另一个叫泰卡普湖。两个湖的背景都是库克山以及周围的群峰，湖水源于冰川融水，水色碧蓝中含带着乳白，晶莹如玉，平洁如镜。在普卡基湖边，坐落着一个小小的教堂，还有一只牧羊狗的雕塑，他们都静静地守候在湖畔，记载着这里的故事。库克山拥有蓝天、白云、雪山、碧湖、绿树相间的原野和山林以及五彩缤纷的花朵，并且罕有人烟，是展现大自然原始风貌的胜地。

普卡基湖景色秀美。

亮丽的高山风景线

落基山国家公园群

落基山国家公园群位于加拿大西南部的艾伯塔省和不列颠哥伦比亚省，1984年，联合国教科文组织将其列入《世界遗产名录》。公园由班夫国家公园、贾斯珀国家公园、库特奈国家公园和约霍国家公园以及一些著名的省立公园共同构成，是落基山脉中最美丽的地区。公园有着丰富的动植物资源，此外还有1909年发现的位于菲尔德山附近的化石"储存地"。落基山脉国家公园群是世界上面积最大的公园，公园群内的山脉都很年轻，约形成于7000万年前。落基山脉雄伟壮观，风光独特。山峰、冰河、湖泊、瀑布、峡谷等构成的奇特景色令人赞叹。

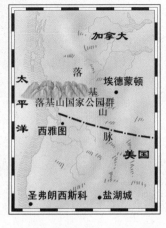

落基山脉国家公园群处于高原气候，年平均气温为6℃，7月份温度最高，平均为28℃，1月份平均温度为零下14℃，年平均降雨量为360mm。落基山区夏季温暖干燥，冬季寒冷湿润。

云海中的落基山脉

班夫国家公园

班夫国家公园是加拿大第一个国家公园，位于艾伯塔省西南部与不列颠哥伦比亚省交界的落基山东麓。公园内有一系列冰峰、冰川、冰原、冰川湖和高山草原、温泉等景观。年轻山脉桀骜不驯的棱角与流动冰川令人生畏的力量塑造了这里独特的奇峰秀水。公园一串由冰川孕育而成的湖泊在落基山脉的映衬下，更如宝石般闪烁着光彩。

贾斯珀国家公园

贾斯珀国家公园是加拿大落基山国家公园群中最大的一个，面积10878平方千米，南部与班夫国家公园相连。厚重的哥伦比亚冰原横跨在高低起伏的山巅，就像是陆地的分界线。发源于哥

长年积雪的山峰、幽深宁静的湖泊，地球上最出名的山脉景致集中在加拿大落基山国家公园群中。

伦比亚冰原的阿萨巴斯卡河沿着东面落基山脉的斜坡流入风光旖旎的大奴湖、马里奴湖。在这里还可以看到数量众多的麋鹿、加拿大盘羊和其他大型动物，以及它们的天敌灰熊、美洲狮、狼、獾等。完整的自然生态系统在这里被保存了下来，展示在人们面前的是一个生机勃勃的落基山脉。贾斯珀国家公园西部是罗布森省立公园，公园内的罗布森山海拔3954米，是落基山国家公园群中的最高峰。

库特奈国家公园

　　库特奈国家公园也位于不列颠哥伦比亚省，公园中有冰川、冰川谷和冰川湖等。斯蒂温山的巴鸠斯页岩化石层中有保存得非常好的寒武纪化石，其中甚至有保存完好的古生物的软体部位，非常珍贵。据推断，这些化石的年龄已经有5.3亿年。

约霍国家公园

　　约霍国家公园位于落基山脉的西部。其中心是约霍溪谷，溪谷位于冰雪覆盖的群山之间，海拔3000米，其上还有落差达348米的塔克克岛瀑布。"约霍"在当地土著语言中就是"敬畏和奇异壮观"的意思，表达了土著人对高耸陡峭的岩石和壮观瀑布的崇拜。

班夫国家公园内的鲍河水静静地流淌。

冰川运动的极致

峡湾国家公园

峡湾国家公园是新西兰最大的国家公园，位于南岛的西南角，濒临塔斯曼海。公园内呈现出一派被多次冰川作用雕磨而成的景观：峡湾、岩石海岸、悬崖峭壁、湖泊、瀑布等。因为此处的海湾峡地有如此错综复杂的地貌，所以被誉为"高山园林和海滨峡地之胜"。

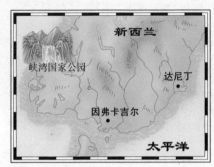

更新世时期的冰川运动给此地留下了明显的印记。西面被海水淹没的冰川峡谷组成海湾，其中14个峡湾长达44千米，深达500米。南面峡湾更长，入海口更宽，其间有许多小岛。这里古代为高原，经风雨冰雪侵蚀，形成了高山峻岭、悬崖绝壁、河川湖泊。峡湾水呈蓝色，周围长满山毛榉和罗汉松。

马纳波里湖

马纳波里湖，毛利语为"伤心湖"，湖长约29千米，最深处达447米。三个狭长的湖湾伸向南、西、北三个方向，状若奔驰的骏马。湖内绿岛漂浮，较大的约有30个。湖周群山环拥，林绿草翠，碧波明灭，风光绮丽迷人，被誉为"新西兰最美的湖泊"。在其西湾还建有新西兰最大的水电站。

特阿瑙湖

特阿瑙湖，面积352平方千米，长61千米，最宽处仅10千米，湖体狭长，西部深凹出三个修长的小湾，湖形像一头正低头吃草的长颈鹿。特阿瑙湖西岸山深林密，有上千个寻幽探秘处。1948年在湖滨发现一个岩洞，洞内水声轰鸣，回荡不绝，原来洞内有地下河和两个瀑布。洞内石笋丛生，石幔挂

米佛峡湾的米特峰是新西兰最著名的陆标。

特阿瑙湖是新西兰第二大湖，被誉为"新西兰最美的湖"。

壁，钟乳吊顶，景色迷人。一种发光的昆虫更使幽暗的岩洞"群星闪烁"。这种奇观在新西兰北岛上的怀托莫溶洞中也非常突出。

米佛海峡

特阿瑙湖北面有米佛海峡，深入陆地约14千米，两岸海拔约1700米的特雷峰和高约2030米的彭布罗克山相对耸立，悬岩绝壁直立水中。峡湾内风平浪静，峡湾外则惊涛骇浪，白波万顷。峡湾附近还有分三级落差达580米的萨瑟兰大瀑布。

公园动植物

公园的2/3是森林，多为南方山毛榉和罗汉松，海拔300米以上的地段上有芮木泪松。园内共有25种稀有的或濒临绝迹的植物、22种本园特有植物以及21种分布区域极小、集中于峡湾地带的植物，其中有些树龄在800年以上。公园里土生土长的陆地哺乳动物仅有一种蝙蝠，其他还有一定数量的海上哺乳动物，其中约有5万头海狮。公园还引进了鼬、马鹿、岩羚羊等。这里也是塔卡赫鸟（新西兰秧鸡，一种不善飞、能游泳的鸟）、世界上最大的鹦鹉卡卡波鸟、棕色几维鸟的栖息和生长之地。

峡湾国家公园已成为世界著名的旅游胜地。

地貌多样的自然保护区
普林塞萨地下河国家公园

普林塞萨地下河国家公园位于菲律宾巴拉望省北岸圣保罗山区，距巴拉望省首府普林塞萨港市的市中心西北大约80千米。这里北临圣保罗湾，东靠巴布延海峡，由陆路和水路都可以到达。公园的特色是雄伟的石灰岩喀斯特地貌和那里的地下河流。

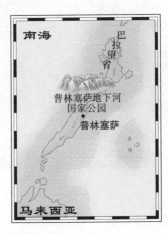

普林塞萨地下河国家公园包括各种各样的地形：广袤的平原、起伏的丘陵和高峻的山峰，其中给人印象最深刻的是圣保罗山区的喀斯特岩溶地貌景观。公园90%的地貌都是由圣保罗山周围尖锐的喀斯特石灰岩山脊组成的。而圣保罗山本身则由一系列浑圆的石灰岩山峰沿着巴拉望岛的西海岸南北轴向连绵而成。公园的主要景观是被人们称为"地下河"或"圣保罗洞"的8000多米长的地下河。洞内林立着钟乳石和石笋，还有几个120多米宽、60多米高的大溶洞。地下河在圣保罗山以西大约2000米的地方流出地面，几乎在地下奔流了整整8000米后进入圣保罗湾。这个地方还是不同生物的保护区，保护了亚洲一些非常重要的森林资源。

丰富的生物资源

普林塞萨地下河国家公园所在的巴拉望岛是冰川时期形成的大陆桥残迹，因此这里的动植物群与菲律宾其他地区的动植物群有很大的差别。公园里有三种森林形式：低地森林、喀斯特森林和海岸森林，大约2/3受保护的植被都处于原始状态。低地森林是巴拉望潮湿森林的一部分，是世界野生动物保护基金组织保护的200个生态区域之一，以其所拥有的亚洲最繁荣的树木植物群著称于世。喀斯特森林只生长在公园

普林塞萨地下河的奇特面貌引人入胜。

普林塞萨地下河国家公园包括一个完整的"山—海"喀斯特生态系统。

巴拉望孔雀雉

土壤较多的有限区域内。海岸森林只有不到4万平方米的面积。公园生物资源丰富，除了三种森林类型外，还有红树林、苔原、海草地、珊瑚礁等。这里的动物多数是无脊椎动物，地方性的哺乳动物包括豪猪、臭獾等。这里还有其他一些哺乳动物如熊狸、食蚁兽、东方小爪水獭、食蟹短尾猿、麝猫等。公园的海域里还生活着儒艮。这里的鸟类则包括苍鹭、猫头鹰、白腹金丝燕、小金丝燕、海鹰等。地下河的河道和溶洞里还生活着大量的金色燕和几种蝙蝠，凤尾雉鸡也有发现。

巴拉望孔雀雉

巴拉望孔雀雉是世界上最漂亮、最富吸引力的鸟类之一，生活在巴拉望山区。雄性成鸟的颈及翼上的羽毛呈带有光泽的蓝色，头上生有一个高而尖、呈金属绿色的冠，尾部的羽毛是棕黑的，有白点及蓝绿色的眼状斑。雌鸟体形较小，呈棕色。在求偶时，雄鸟会展示其鲜艳夺目的羽毛。它们的繁殖期在3~8月间，每次只产卵两枚。雌鸟单独孵卵19天，并负责饲养雏鸟。

公园内还有一小块海域，里面生活着珍稀动物儒艮。

南美第一景
伊瓜苏国家公园

伊瓜苏河是阿根廷和巴西的界河，伊瓜苏瀑布自然也就成为阿根廷和巴西所共有的自然财富了，于是两国分别在伊瓜苏河两岸建立了国家公园。阿根廷境内的伊瓜苏国家公园由面积492平方千米的国家公园和面积63平方千米的国家自然保护区组成。巴西境内的伊瓜苏国家公园面积达1700平方千米，这也是巴西最大的森林保护区。

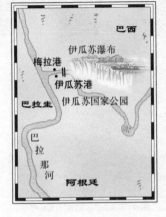

伊瓜苏河是阿根廷和巴西的界河，由源出大西洋岸边库里蒂巴附近的巴尔山的溪流汇集而成。经沿途大溪小流的汇入，形成一定规模的河水大致向西穿过高地，并在阿根廷、巴拉圭和巴西三国交界处注入巴拉那河。河水流出维多利亚山口后，以汹涌澎湃之势向阿根廷和巴西交界的平原滚涌而去。河水流经伊瓜苏时，被阿古斯丁岛阻挡，河道为之扩展，变成一个湖；跨过绝壁时，湖水倾泻成一个大瀑布群。伊瓜苏河能在这里形成

壮丽的大瀑布，是与其地质、地理条件分不开的。大瀑布所处的地形由12亿年前岩浆喷发而成。巴西的巴拉那河谷是南北走向的玄武岩，但伊瓜苏河及其河床岩层的走向正好与巴拉那河垂直，其河水的冲刷与侵蚀作用远远比巴拉那河微弱。这样，在伊瓜苏河与巴拉那河的交汇处造就成了河床的水平位差，经过无数个日日夜夜，最终形成了现在的伊瓜苏大瀑布。

"南美第一奇观"

气势恢弘的伊瓜苏瀑布是世界最壮观的瀑布之一，被誉为"南美第一奇观"。瀑布从悬崖上跌落而下，雷鸣般的轰声在25千米的范围内都能听得见。其中有些瀑布径直插入82米深的大谷底，另一些被撞击成一系列较小的瀑布汇入河流。这些小瀑布被抗蚀能力很强的岩脊

伊瓜苏瀑布直泻谷底，水声如雷，溅起的水花高达百米。

瀑布的水汽滋润着植物的生长。

公园内的动植物

瀑布产生的云雾滋润着植物的生长，形成了公园内特有的生态系统。最著名的植物是高达40米的巨型玫瑰红树，这种红树高大笔挺，在它的树荫下生长着珍稀的矮扇棕树。在瀑布倾泻处的湿地和瀑布后的岩架上生长着各种草科水生植物。峡谷两旁是又热又湿的雨林，林中长有细丝状的蕨类植物、竹子以及棕榈、松树等乔木。许多稀有和濒危动物在公园中得到保护，南美洲有代表性的野生动物貘、大水獭、食蚁兽、吼猴、虎猫、

击碎，腾起漫天的水雾，艳阳下闪烁着色彩不定的耀眼彩虹。伊瓜苏大瀑布有三个瀑布群，中部的瀑布群最高、最壮观，名叫"鬼吼瀑"。因该瀑布在泻入深渊时发出的轰鸣声加上深渊内震耳欲聋的回声令人心惊胆战，故得此名。北翼的瀑布在巴西境内，是由两层平台组成的大小瀑群。南翼的瀑布则在阿根廷境内，是两组双层的瀑布群。伊瓜苏瀑布地处热带季风气候区，每年11月到次年3月为雨季。此时，伊瓜苏河水位猛涨，巨大的水流覆盖崖壁，三大瀑布群共同汇成一道半圆形水幕，狂泻而下，其声势之浩大，如万马奔腾，景色极其壮观。

美洲虎和大鳄鱼都在这里自由地生活。悬猴的吱吱乱叫、鸟雀的喧闹争鸣，加上黑吼猴的响亮吼声交织成一片聒噪的天籁。密林深处，鹿、笨重的貘在雨林觅食，美洲虎在寻找猎物。成千上万的雨燕在水面盘旋俯冲，追逐昆虫。这些雨燕整天都在伊瓜苏瀑布上盘旋低飞，不时穿过水幕，飞到瀑布后的岩壁上歇息。

直泻峡谷激起的水花在日光照耀下，映出美丽的彩虹。

土著的故乡·动物的天堂

卡卡杜国家公园

卡卡杜国家公园位于澳大利亚北部地区的首府达尔文市东部200千米处，1979年被划为国家公园。其占地面积约两万多平方千米，以郁郁苍苍的原始森林、各种珍奇的野生动物，以及保存有两万多年前的山崖洞穴间的原始壁画而闻名于世。这里是一处拥有丰厚的文化遗产和旅游资源的游览区，有"土著的故乡，动物的天堂"之说。

公园按地势分为五个区。海潮区：植被主要由丛林及海蓬子科植物组成，其中包括海岸沙滩上的半落叶潮湿热带林。这里也是濒临绝迹的潮淹区鳄鱼出没之地。水涝平原区：多为低洼地，雨季洪水泛滥形成沼泽带，是栖鸟类的理想去处。低地区：多为起伏平原，间有小山和石峰。这里的植物形态有稀疏树林、草原、牧场和灌木丛。在与水涝平原交界处分布着沿海热带森林，林内有多种动物。陡坡和沉积岩孤峰区：这里雨季时会形成蔚为壮观的瀑布，并有多种动物栖息于此。高原区：由古老的沉积岩组成，高度在250～300米之间，个别突兀的石峰，高达520米。主要植物为灌木，偶尔可见茂密的森林。本区内生活着多种稀有的或当地特有的鸟类。

丰富的动植物资源

卡卡杜国家公园内有着优美的自然风光和较完整的原始自然生态环境，因此植物类型极其丰富，超过1600种。这里是澳大利亚北部季风气候区植物多样性最高的地区。最近的研究表明，公园内大约有58种植物具有重要的保护价值。植被可以大致划分为13个门类，其中7个

卡卡杜荒原

卡卡杜国家公园

生土长的哺乳动物，占澳大利亚已知的全部陆生哺乳动物的四分之一还多。澳大利亚三分之一的鸟类在这里聚居栖息，有280多个品种，其中以各种水鸟和苍鹰为其代表性鸟类。傍晚，在丛林中和水塘边，一些为澳洲特有的野狗、针鼹、野牛、鳄鱼等便从巢穴出来觅食，在这里又出现一幅弱肉强食的自然进化图。因而，保护这里的动物群，无论对于澳大利亚，还是对于世界，都具有极为重要的意义。

以桉树的独特属种占优势。这里有澳大利亚特有的大叶樱、柠檬桉、南洋杉等树木，还有大片的棕榈林、松树林、橘红的蝴蝶花树等等。

这里的动物丰富多样，是澳大利亚北部地区的典型代表。公园中有64种土

神奇的原始壁画

悬崖是卡卡杜国家公园里别具特色的景观。悬崖上有许多岩洞，里面有在世

卡卡杜荒原的主要河流东鳄河从低地蜿蜒流过。

河水泛滥时的卡卡杜低地

界上享有盛名的岩石壁画，已经发现大约7000处。在阿纳姆高原地带，这种洞穴最多。这些壁画是当地土著的祖先用蘸着猎物的鲜血或和着不同颜色的矿物质涂抹而成的。最早的壁画做于最后一次冰河时期。当时海面较低，卡卡杜荒原位于距海约300千米的地方，画中有袋鼠、鸸鹋以及一些现代已经绝迹的巨大动物。冰河时期约在六千多年前结束，海面上升，阿纳姆地带悬崖下的平原变成了海洋和港湾，所以这一时期的壁画中主要是巴拉蒙达鱼和梭鱼等鱼类动物。壁画的内容反映了当地土著祖先们各个时期的生活内容、生产方式，以及某些野兽、飞禽的形象。其中一部分内容与原始图腾崇拜、宗教礼仪有关。在壁画中有一些不为现代人所理解的

抽象图形。有的人体壁画很奇特，头常呈倒三角形，耳朵呈长方形，身躯及四肢特别细长，并且经常可以见到多头臂的人体图形。画中人物多处于一种舞蹈姿态。壁画较完整地反映了土著文化各个历史时期

公园中的大片壁画

公园中遍布着种类繁多的植物。

公园中的瀑布

的发展历程，为澳大利亚的考古学、艺术史学以及人类史学提供了珍贵的研究资料。

卡卡杜国家公园内的壁画抽象夸张，反映了澳大利亚土著对世界的独特认识。壁画以及其他考古遗址，表明了该地区从史前的狩猎者和原始部落到仍居住在这里的土著居民的技能和生活方式。艺术遗址使这里闻名遐迩。通过发掘遗址，人们还找到了澳大利亚最早生活的人类的证据，为澳大利亚的学者、研究人员等提供了珍贵的资料。

土著之家

卡卡杜是澳大利亚土著卡卡杜族的故土。他们的祖先至少在四万年前就已从东南亚迁来。他们先是逐岛渡海而来，后来在冰河时期海面较低时，从新几内亚沿陆路抵达这里。按照卡卡杜人的传说，卡卡杜荒原是他们的女祖先瓦拉莫仑甘地创造的。她从海中出来化为陆地，并赋予人以生命。随她而来的还有其他创造神，如金格——创造岩石的巨鳄。有些祖先神灵完成创造使命后就变成了风景，如金格变成一块露头岩石，形如鳄鱼的背脊。公园内的大部分地区属土著人所有，他们把土地租给国家公园与野生动物管理部门。

桉树

澳大利亚是植物的王国，森林覆盖率占全国面积的14%，森林面积大约有41平方千米，其中三分之二是桉树林。桉树在澳大利亚随处可见，有五百多种，是澳大利亚植物中最有特色的一种，也是澳大利亚的国树。桉树属常绿特有属植物。它能充分利用水分，具有成长快、耐干旱的特点。桉树的树叶呈针叶状，叶片稀疏，排列方向垂直向下，叶面光滑，可减少水分的蒸发。桉树的树干挺拔，直立参天，一般长到40～50米处才分枝。在澳大利亚东南部维多利亚州的吉普斯兰有一棵巨大的杏仁桉，高达150多米，树干周长约15米，是世界上最高、最粗的桉树。

天然动物园

塞伦盖蒂国家公园

塞伦盖蒂国家公园，位于坦桑尼亚北部马拉、阿鲁沙、希尼安加等三省境内，面积为14000多平方千米，是坦桑尼亚面积最大、野生动物最集中的天然动物园。它东邻恩戈罗恩戈罗自然保护区，北邻肯尼亚马塞马拉自然保护区，南接马斯瓦狩猎区。这里的生态系统庞大而复杂，野生动物和自然景观丰富多彩。每年的动物大迁徙是让人叹为观止的野生动物景观之一。

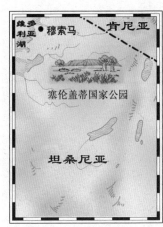

坦桑尼亚地质上属前寒武纪结晶岩组成的非洲古陆的一部分。以后的地壳上升和断裂活动形成了以阶梯状高原为主的地形。地势西高东低，东部是海拔200米以下的沿海平原和丘陵，一般仅宽10～30千米；内陆大部分为海拔1000～1500米的高原，由古老的上升地块经长期剥蚀夷平而成，地形单一，起伏平缓，间有浅平洼地。纵贯国境中、西部的两条裂谷，是东非大裂谷的一部分。裂谷两侧相对上升成为地垒式的山地和高地，伴随断裂活动的岩浆喷出后形成高大的火山。塞伦盖蒂平原主要是火山灰覆盖的结晶岩，同时还伴有大量露出地面的花岗岩。北部和西部的狭长地带主要是火山爆发形成的山地。两条向西的河流常年有水，还有不少的湖泊、沼泽、泉眼。

坦桑尼亚属于湿系分明的热带草原气候。气温年差较小，并且随海拔高度而异。沿海低地和丘陵全年炎热，海拔1800米以上的山地终年凉爽。雨量分布受地

塞伦盖蒂国家公园内的长颈鹿

塞伦盖蒂国家公园内景

塞伦盖蒂草原上的乌云

形、海陆位置和大湖水域的影响。沿海平原、山地东南坡和维多利亚湖西岸超过2000毫米，是东非降水量最多的地方，山地背风面和广大内陆高原年降水量一般不足800毫米，中北部在600毫米以下。

生态情况

坦桑尼亚植被以热带疏林和稀树草原为主。热带疏林分布最广，约占全国面积的一半，热带稀树草原约占全国面积的25%。此外，山地迎风坡有茂密的热带森林，出产罗汉松、东北绿心木、大绿柄桑、东非桃花心木等经济树种。塞伦盖蒂国家公园的植被以开阔的草原型植物为主。但在严重干旱时，主要植物则变为马唐和鼠尾粟等茅草。在较湿润的地区，水蜈蚣属植物生长占优势。公园中部为大片金合欢林地草原。丘陵植物和茂密的林地，以及一些长廊林覆盖了公园北部的大部分地区。

公园由于拥有当今大规模的动物群而闻名遐迩。这些动物群在季节性的水源地和草场之间来往迁徙，有牛羚、斑马、羚羊、狮子、斑鬣狗等。5月和6月，许多动物从中部平原集体迁徙到西部狭长地带。其他的特色动物还有猎豹、非洲象、黑犀牛、河马、长颈鹿、野牛、转角牛羚、大羚羊、旋角大羚羊、南非羚羊、直角大羚羊、山地小苇羚、大量啮齿类和蝙蝠类动物、豺狗、瞪羚等。小型食肉动物有蝠耳狐、蜜熊。一场狂犬病瘟疫灭绝了三个野狗群，1991年，最后一群野狗从公园中消失。公园内还有300多种鸟类，包括34种猛禽、6种秃鹫、大鸨、鸵鸟、火烈鸟，以及几种分布较固定的鸟，如褐尾织巢鸟。

斑马

塞伦盖蒂国家公园的斑马通常肩高在120~140厘米之间。有的斑马斑纹宽，主要条纹之间有颜色较浅的"影纹"；有的斑纹只限于头、颈和体前部；还有的斑纹窄而密，腹部为白色。斑马常以一匹雄马、数匹雌马和它们的驹所组成的家庭群活动。在食物丰富时，小群斑马会结成大群。它们常与牛羚混合成群。由于斑马较为警觉，牛羚也因此获益不少。

海洋生物的聚集地

图巴塔哈群礁海洋公园

图巴塔哈群礁海洋公园，位于菲律宾西南部巴拉望岛普林塞萨港以东约180千米处。该公园面积达332平方千米。由于有优越的自然条件，这里拥有种类极其丰富的海洋生物，其中仅鱼类就有379种。图巴塔哈群礁海洋公园包括南北两个暗礁群，是一个独特的环状珊瑚岛礁，有茂密的海洋植物。该公园始建于1988年8月11日。

图巴塔哈群礁海洋公园包括一个珊瑚礁、一片水草、珊瑚丛生的广阔礁湖和两个珊瑚岛——南北两个大珊瑚礁盘，其间相隔一道8千米宽的海峡。北部礁盘呈椭圆形，长约16千米，宽4.5千米，退潮时部分露出海面，形成一个高出海面1米左右的被称为"鸟岛"的小岛，是鸟类和海龟的主要栖息地。朝海的一边则是高达四五十米的峭壁。在珊瑚礁沙滩上，黑背燕鸥和黑燕鸥筑巢，海龟挖深洞产卵。这里还生长着多种植物及海藻。

南部礁盘宽约1~2千米，呈较小的三角状。这里可以看到醒目的蓝色长吻双盾尾鱼，闪着略带红色银光的笛鲷鱼群。这里还生活着海蛇。另外，这里还有体长1米的大青鲨、身上带有花纹的海豚，以及身体扁平、胸鳍长达7米的鲛鲼。

生态情况

图巴塔哈群礁是菲律宾拥有生物物种最多的珊瑚礁，在渔业生产上也占有极其重要的地位。岛上的植物种类并不丰富，有榄仁树、银合欢属树木和很多椰子树，草类有马齿苋属、虎尾草属。与之形成对比的是，海底世界却物种繁多，光海藻就有45种。

图巴塔哈群礁海洋公园中有记载的鸟类达46种，北礁是棕色呆头鸟、赤足呆头鸟、普通燕鸥、乌黑色燕鸥和有顶饰燕鸥的聚居地。玳瑁龟、绿海龟的巢穴建在附近的海滩上。公园里的鱼类数不胜数，其中有记载的就有至少40个种属的379种

珊瑚

北礁岛

鱼。在这里，黑顶鲨、白顶鲨并不罕见。在礁湖中还发现有番红花蛤、巨蛤、带鳞蛤和马蹄蛤。自1983年以来，这个地区先后共有46种珊瑚虫被记录下来。

开发与管理

岛上没有永久性居民，捕鱼季节到来时，人们就在岛上搭建临时帐篷。捕鱼的方式多种多样，有传统的垂钓、商业化的拖网捕鱼、茅枪插鱼和岸上放线，有的就干脆在礁石上捡鱼。

菲律宾对图巴塔哈群礁的开发和管理计划草拟于1991年，并且于1992年6月通过了这项草案。联合国教科文组织也在1997年3月31日讨论了菲律宾图巴塔哈群礁的开发计划，主要议题是如何通过长期治理达到保护和利用图巴塔哈群礁资源的主要目的。图巴塔哈基金会独立于政府之外，负责对计划执行情况进行监督。根据菲律宾第306号令，商业捕捞、茅枪插鱼及采集珊瑚均属违法行为。

迁移过来的渔民过度使用资源、外国的渔业运作以及大量的潜水旅游都是对图巴塔哈群礁不同程度的破坏。根据联合国教科文组织的要求，来自菲律宾海洋科学研究院、环境和自然资源部的野生动物保护署及联合国教科文组织自然委员会的人员发起了一项保护、宣传和教育运动，旨在提高图巴塔哈当地居民参与保护群礁的积极性及探测旅游观光事业在不破坏生态资源条件下的发展空间。

菲律宾白顶鲨

高原上的奇山区
格雷梅国家公园

格雷梅国家公园位于土耳其中部的安纳托利亚高原上的卡帕多西亚省，处在内夫谢希尔、阿瓦诺斯、于尔居普三座城市之中的一片三角形地带。公园内的卡帕多西亚奇石林以壮观的火山岩群、古老的岩穴教堂和洞穴式住房闻名于世。这一地区是由熔岩构成的火山岩高原。这里的岩石质地较软，孔隙多，抗风化能力差，在长年的风化和水流侵蚀下，形成了许多奇形怪状的石笋、断岩和岩洞。山体上寸草不生，岩石裸露，人们称这里为奇山区。

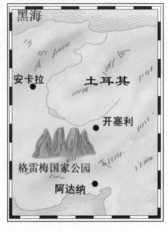

海拔3000多米的埃尔季亚斯山和哈桑山因火山爆发，大量的火山灰沉积为厚厚的凝灰岩。凝灰岩岩性较软，经过长年的流水侵蚀，形成了格雷梅国家公园卡帕多西亚奇石林立的特殊景观。火山喷发后层层堆积的火山灰、熔岩和碎石，形成了一个高出邻近土地300米的台地。火山灰经长期挤压，变成一种灰白色的软岩，称为石灰华，上面覆盖着的熔岩硬化成黑色的玄武岩。流水、洪水和霜冻的侵蚀，使这些岩石留下一种奇异的月亮状地貌。它由锥形、金字塔形以及尖塔形岩体组成。与裸露的山体形成鲜明对比的是林木茂盛的山间峡谷。由于峡谷内风力较弱，日照时间短，水分蒸发少，空气的相

峡谷中的绿地

壮观的波浪形岩石

色彩斑斓的岩体

对湿度较大，适宜植物生长，所以林木主要集中在谷中生长。

卡帕多西亚奇石林

　　卡帕多西亚奇石林泛指土耳其首都安卡拉东南约280千米处的阿瓦诺斯、内夫谢希尔和于尔居普三个城镇之间的一片三角形地带。这里被誉为土耳其天然景致的王牌，是土耳其人引以为豪的观光资源。远古时代五座大火山喷发出来的熔岩构成了这里的火山岩高原，地形奇特，区内满布火山岩切削成的无数奇形怪状的石笋、断岩和岩洞。

　　卡帕多西亚是公元4～10世纪土耳其中部山区的地名。格雷梅国家公园内保存有数量众多的建于古代卡帕多西亚时期的山地洞穴和地下建筑遗址。它们使这里成为一个谜一样的地方。两千多年前，土耳

其先民希太部族在此凿洞而居。公元4世纪，基督教传入土耳其中部高原，在这里建起了各种基督教宗教建筑。到了9世纪，有许多基督教徒来到此山中凿山居住，并将洞穴粉饰布置成教堂，在墙壁上画上《圣经》中的人物画像，至今仍色彩鲜明，清晰可见。公园中部有格雷梅天然博物馆，由15座基督教堂和一些附属建筑组成。于尔居普镇附近石笋林立，到处耸立着石峰和断岩，许多岩洞如蜂巢般穿插在岩石之间，而岩洞内部又有机地连接在一起，成为相互贯通的高大房间。已发现有三百多座从岩石开凿出来的教堂。14世纪时，这个宗教社区湮没了。后来到了19世纪，修道士们又回来住在这些岩锥体里，一直到1922年。如今，有些山洞变成了土耳其人居家的住所，另一些则用作贮藏或成为牲畜厩棚。光阴荏苒，这里早已听不到昔日诵读经文的声音，我们只能从那些虽已略显斑驳但色彩鲜艳依旧的壁画当中去想象教堂中曾有的光景和氛围，感受那跨越时空的虔诚与庄严。

冰川造就的美丽
冰河湾国家公园

冰河湾国家公园位于美国阿拉斯加州和加拿大交界处，区内包括一系列冰川。1980年冰河湾成为国家公园和保护区。1986年此处被联合国教科文组织列为生物保护区。公园覆盖面积共约13000平方千米，包括约2500平方千米的咸水区和1415千米长的海岸线。这里有丰富的自然景观和完整的生态系统，典型的冰川作用形成了迷人的景色。绵延的高山、环抱着避风港的海滩和峡湾，以及潮汐冰川都是这一地区的特色景观。

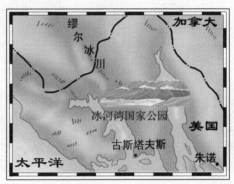

1794年，英国航海家温哥华乘"发现"号来到艾西海峡时，看到的只是一条巨大的冰川的尽头，那是一堵16千米长、100米高的冰墙。但是85年后，美国博物学家缪尔来到此地，发现的却是一个广阔的海湾。冰川已向陆地缩回了77千米。

现在，在冰河湾国家公园里，冰蚀的峡湾沿着两岸茂密的森林，伸入内陆100千米，尽头是裸露的岩石，或是从美加边境山脉流下的16条冰川中的某一条。高高

的山峰远远耸立在地平线上，其中最高峰是海拔4670米的费尔韦瑟峰。

1879年，缪尔曾经攀登过高耸入云的费尔韦瑟峰。他描述过翼状的云层环绕群峰，阳光透过云层边缘，洒落在峡湾碧水和广阔的冰原上；还描述黎明景色非凡美丽，山峰上似有红色火焰在燃烧。如此美景至今仍可看到。

冰河湾沿海地区属于海洋性气候。夏季，融化的雪水在冰川底部咆哮，冲蚀出洞穴和沟渠，最终，不断融化的冰川薄得无法支撑时，便"轰"的一声塌下来。在最近的几个世纪里，冬季的降雪量不及夏季的冰雪消融量，于是冰川以每年400米的速度后退。冬季气候温和湿润。内陆属于高海拔地区，气候终年严寒。整个地区年平均降水量

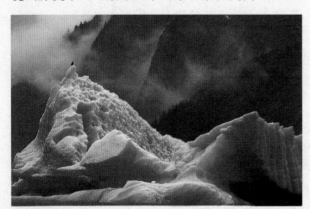

冰巨大的冰川一角

马格里冰川从费尔韦瑟山上蜿蜒流至冰河湾中。

约1800毫米，海边地带为2870毫米，内陆为390毫米。冰河湾的16个潮汐冰山占世界上已发现的30个潮汐冰山的一半以上。冰河湾还有许多有特色的海洋物种。

这里的土壤层逐渐形成，阴地植物根部的固氮细菌使土壤肥沃。一簇簇矮桤木和柳树出现了，接着出现了更高大的黑三角杨，最后让位给铁杉林和云杉林，它们现已遍布海岸。出现植被后，吃植物的动物随之出现，继而出现猛禽和猛兽，如狼等。夏季，巨大的冰山为海狗提供了栖息地。夏季还有14米长的座头鲸到来。

在18、19世纪，这里出现了比较稳定的居民群，居住在阿尔塞克河的边缘地带。欧洲人也到过这里，他们在这里挖矿、做皮毛交易、伐木、捕鱼和进行探险活动。潮湿的气候和植物的快速生长掩盖了大部分的人类居住痕迹。

多姿多彩的冰河

整个冰河湾国家公园包含了18处冰河、12处海岸冰河地形，包括沿着阿拉斯加湾和利陶亚海湾的公园西缘。

泛太平洋冰河是一处退却的冰河，1879年缪尔抵达时，已向北退却了约24千米；1999年长度约为40千米、宽度约为

美国博物学家缪尔称之为具"圣洁之美"的冰河湾。

蓝色山岭与白色冰雪交相辉映。

哈普金冰河约20千米长、1600米宽、61~122米高；它是为纪念约翰·哈普金1879年与约翰·缪尔一起进入冰河湾而得名的。

瑞德冰河位于瑞德内湾。瑞德内湾为冰河湾国家公园进出泛太平洋冰河及马杰瑞冰河的通道，由于冰河的堆积与密度的不同，在切割的冰雕间，可以看到原来冰不是只有一种颜色，还有各式各样的蓝色，在迷蒙的雾中更添一分神秘的色彩。

冰河呈现蓝色的原因

冰河磨松河壁，造成大小不一的岩石碎块。碎石夹杂在冰河内部或压在冰河底，被带到了湖泊。大块的碎石沉淀形成三角洲，小块的碎石则散入湖区，只剩下最小的类似波形瓦的冰块浮在水中。分布在水中的冰块，可以折射光线中的蓝色和绿色光线。因此这些冰河就有了举世闻名的特殊色彩。在冰河融化的季节，湖泊的色彩会因水中的冰块增加而更加光彩夺目。冰河的表层若是呈现出白色及灰色的色彩，是因为里面含有空气及杂质，影响了光线的折射。在冰河较深层的冰块，因冰河流动的推

2300米、高度约为100米，是冰河湾国家公园最壮丽的到海冰河，穿越了美国阿拉斯加州及加拿大卑诗省的边界。1912年，由于泛太平洋冰河的退却，马杰瑞冰河独立分开，成为另一独立的到海冰河，22.4千米长、1.6千米宽、59~122米高；其洁白狰狞的冰岩断面，更显其壮丽，与泛太平洋冰河一起被称为最美的冰河。

由于马杰瑞冰河少了泥沙覆盖的保温，在夏季许多情况下，人们将会目睹其冰河崩塌的奇景，体会"隆隆"的巨响。冰山的崩裂同时也激起冰河区内的水里及天上的生物一阵骚动。飞鸟、海豹追逐着因冰裂所激起的游鱼。原来，冰河湾国家公园并不是一片凄清安静之地，而是一片生气盎然的世界。

阳光下的冰河湾是洁白狰狞的大自然雕塑。原来呈现在我们眼前的冰河，是几十年甚至数百年以来累积下的结晶。

巴特列湾

冰川顺着水流漂向远方。

挤过程自然会将空气及杂质挤压出来，所以呈现蓝色的光泽。

冰河的成因

冰河湾国家公园中冰河的形成，是因为积雪速度超过融雪速度所致。简单来说，高山地区温度比平地低，每上升100米，温度即降低0.6℃，当温度降至0℃时，又有足够的湿度及雨量，便会下雪；而下雪的地方，形成一条无形的线，即所谓雪线。雪线以下温度未达0℃，不会下雪；雪线以上的地区，温度为0℃以下，才会下雪。

当冬天来临时，温度降低，雪线以上的高山地区快速积雪；而春天来临时，温度上升，将积雪融化成水。当积雪还未完全融化的时候，冬天又来了。于是温度降

低，水遇冷结成冰，并再次下雪，堆积在原先的结冰上。如此年复一年，当冰的厚度累积到某种程度时，因地心引力，便顺山势滑动，于是形成冰河。

白头海雕

白头海雕又叫秃鹰、白头鹫，生活在北美洲的西北海岸线，常见于内陆江河和大湖附近，是世界珍禽之一。幼雕的羽毛是全白的，长大时褐色羽毛覆盖到只余下头部，所以从远处观看它们的头好像是秃的，但事实上它们的头一点儿也不秃。白头海雕虽然外貌美丽，但性情凶猛，体长近1米，展翅宽约2米，有"百鸟之王"的美誉。白头海雕飞行能力很强，在阿拉斯加冰河湾国家公园内的峡湾两岸的森林亦可看到它们的身影。它们经常在半空中向一些较小的鸟发起攻击，夺取它们的食物。被攻击的鸟往往会屈服，将食物扔掉，使白头海雕非常轻松地得到美餐。白头海雕也靠捕食鱼蚌为生，也能吃海边的大型鱼类的尸体。

地球上的"月球景观"

哈莱亚卡拉国家公园

哈莱亚卡拉国家公园位于美国夏威夷群岛中的毛伊岛，距离首府怀卢库东南65千米处。这里原是大片荒原，因有世界最大的火山之一——哈莱亚卡拉火山而闻名。哈莱亚卡拉在夏威夷语中是"太阳之家"的意思。这是世界上最大的休眠火山，最高峰海拔3055米。国家公园成立于1961年，占地面积共计11平方千米，整个火山口的地理景观仿佛月球表面一般荒凉。

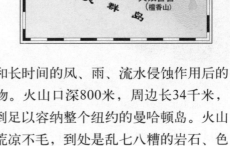

太平洋

哈莱亚卡拉火山口

哈莱亚卡拉国家公园 毛伊岛

夏威夷群岛

火奴鲁鲁（檀香山）

毛伊岛，又称山谷之岛，是夏威夷第二大岛，面积1888平方千米，有居民约91万人。毛伊岛曾经是两座各不相连的小岛。频繁的火山运动中喷涌而出的岩浆堆叠积累，终于把两座小岛连在了一起，形成了一座葫芦形的大岛屿。现在的毛伊岛自然分成东西两大板块，西毛伊岛的中心主要是西毛伊山脉；东毛伊岛主要是海拔3055米的死火山——哈莱亚卡拉山。岛内所有的人造景观都围绕着这两座无法穿越的山系分布着。

哈莱亚卡拉火山口，是许多次火山喷发和长时间的风、雨、流水侵蚀作用后的产物。火山口深800米，周边长34千米，大到足以容纳整个纽约的曼哈顿岛。火山口荒凉不毛，到处是乱七八糟的岩石、色彩斑斓的火山渣以及奇形怪状的熔岩，好似怪诞的雕像。

然而，那些颜色斑斓的火山渣锥，如高约300米的毛伊山，却是1000～800年前因火山活动而形成的。灼热的熔岩渗出硫和铁，使之带有红黄色。火山口底部散布着许多火山岩"炸弹"，其实是冷却后落地的熔岩

雨后的溪水

美丽的毛伊岛

在"太阳之家"上观日出绝对是最好的选择。

碎片，大小相差甚大，有的小如拳头，有的大如汽车。其中最高的火山锥普·奥·穆伊高出周围地面三百多米，有两条山径通向这里。周围支路如网，一条长约48千米的山径迂回在这座火山和包括熔岩隧道在内的许多奇形怪状的岩层与火山奇景之间。

稀有的生物

公园内大多数地区几乎寸草不生，但其东北角雨量充沛，是树、草和蕨类植物生长的绿洲，有罕见的银剑。这种奇异的濒危植物生长期为7～40年，每隔10～15年开一次花。银剑有既高且肥的茎，叶上面长着发亮的茸毛，能反射炽热的阳光；植株形似莲座，可防止根部白天过热、夜间冰冻。银剑开紫色小花，花管可长到一人多高，堪称花中一绝。花谢之日即为植物枯萎之时。公园里禽鸟极多，品类亦繁，有稀罕的夏威夷鹅等。夏威夷雁或夏威夷鹅曾经是毛伊岛的常见动物，但后来被游客带入岛内的鼠、獴之类的动物消灭了。20世纪60年代，几对夏威夷雁又被带回到火山口地区，并从此在这里繁殖和茁壮生长。火山口外坡的高山沼泽下方，绿色植物非常茂盛。沿东坡向下伸展的基帕胡卢谷风景秀丽，雨林和竹丛十分茂密。

夏威夷雁

一次旅行·四季体验
奥林匹克国家公园

奥林匹克国家公园是美国最大的自然公园之一。它坐落在华盛顿州西北部的奥林匹克半岛上，从奥林匹克山脉那积雪的山顶一直延伸到长满蕨类植物的雨林深处，总面积3628.54平方千米。奥林匹克半岛具有多种自然形态和自己独特的生物系统，同时也是游隼、本南特貂和斑纹猫头鹰等濒危动物的理想乐园。公园于1938年建立，1946年正式开放，1981年被联合国教科文组织作为世界自然遗产列入《世界自然遗产名录》。

大约五千五百万年以前，频繁的海底火山活动产生了大量的玄武岩熔岩，最终陆地拱出了海面，形成了现在的华盛顿州海岸。又经过两千五百多万年强烈的地质运动，这些熔岩变形为沉积岩，经过海水的冲刷形成了半岛，同时因为这些沉积岩的不断上升，海洋的潮气被封闭在了半岛之中，慢慢地产生了溪流。接着，在地球的冰川期，这些溪流成了冰河，在半岛中间以不可思议的力量移动着岩石，终于形成了胡安德富卡峡谷和我们现在看到的奥林匹克山脉。

当冰融化的时候，湖泊和山峰保留了下来，而在西边和南边的山谷中气候变得湿润起来，于是山谷中的雨林出现了。在奥林波斯山山顶的某些地方，每年的降雪量可达到5米厚。有些积雪厚达30米，在它们自己的重量压迫下凝结成为冰川。

潮湿多雨的"温带雨林"

在这个国家公园内同时存在着咆哮的冰河和诞生生命的潮湿岩洞。纤弱的山顶野花在凉风中颤动，而同时橘色的海星也点缀着被海浪冲刷着的黑色礁石，秃雕在微风中翱翔，云杉和雪松的叶片上凝结着露珠……

奥林波斯山

奥林匹克半岛的落日

　　奥林匹克山脉西坡独特的温带雨林是与其地理位置密切相关的。从太平洋上吹来的温暖而潮湿的西南风，遇到高山阻挡后形成降雨。山地西坡的森林植被以喜湿的杉树为主，林内植被的垂直层次较多，尤其是潮湿环境下大量生长的地衣、苔藓和蕨类植物更使森林内部显得十分茂密。

　　这块三面环水被水雾浸润的土地——奥林匹克半岛，人们常常把它称作是"大海的礼物"。海岸线上有许多隆起的陡峭岩壁，在海浪的不断撞击和冲刷下形成了海蚀穴、海蚀拱和海蚀桥等海岸景观。奥林匹克半岛中间点缀着许多湖泊和几千米长连续不断的瀑布。水面并不平坦，近岸的地方露出大大小小的岩石碎块。

　　公园内的地质构造及气候环境极佳：西部是茂密的温带雨林，古老的冷杉庄严地耸立着，高高的树冠隐藏在薄雾中，雨林中的空气中充满了水雾；东部有冰川覆盖的山峰，宛如锋锐的剑尖刺入天空。有时淡淡的白云会掩去高高的山峰，使人茫然不知所措地翘首眺望，努力地去寻找那消失的山巅；不一会儿，那云雾慢慢扩散开来，遮住了远山，遮住了溪流，遮住了天空，遮住了树木，一切都陷入了茫茫云海之中。还有无垠的草原、湍急的涧溪和晶莹如玉的湖泊，都使人乐不思返。这里蜿蜒流淌的清澈溪流是鲑鱼的理想产卵地

以"温带雨林"著称的国家公园中，地衣、苔藓和蕨类植物与林中的树木共同生长。

带着晨露的叶片

在公园中悠闲漫步的野生动物

奥林匹克国家公园土地肥沃，适合树木生长。

和育儿场所，它们每年都准时到这里产卵。时常在这里出没的熊届时会进入河中轻松地抓起鲑鱼享受美味。从山顶放眼四望，群山林立，湖泊明净，冰川耀眼，景色格外迷人。

公园西南部的三条引人注目的河谷雨林是公园的特色。这里的空气清新自然，环境极其优美，是人们休闲度假的首选之地。每年充沛的降雨量加上这里肥沃的土壤，为林木的生长提供了良好的条件。公园的植物有杂长在一起的云杉、冷杉、铁杉、希特卡松、雪松，以及地衣、地钱等附生植物。藤蔓缠绕的枫树，拔地而起的巨形羊齿植物和厚厚的青苔地面增添了林区的神秘气氛。茂盛的丛林中夹杂着苔藓编织成的厚帷，阳光被滤成黄绿色，更显得阴森怪异。

奥林匹克国家公园这个以雨林为特色的公园，外加上它在太平洋狭长的沿海地带，是由三处生态系统截然不同的山地组成，因此公园经常被称作"三合一公园"。奥林匹克国家公园不仅包括冰雪封顶的奥林波斯山、山区草地、岩石林立的海岸线，而且世界上少数几个温带雨林之一也在这里。温和、潮湿的空气遇到山坡产生了大量降雨。温带雨林在这里繁茂地生长，凉爽、湿润的气候使这儿呈现出一派葱绿的雨林风光。崎岖的山顶上覆盖着冰川。多种多样的生态系统仍保持着古朴的特色，其原始的野生风貌面积达

奥林波斯山的远景

前往奥林波斯山的探险者

95%——这是奥林匹克公园呈现给人类的一份大自然的盛礼。但在这幽深静谧之中，上下左右又无处不是一片苍翠，使人仿佛潜身绿海之中，置身于琉璃世界。公园的东部，有冰川覆盖的山峰、点缀着斑斓野花的草原、湍急的溪流和湛蓝的湖泊。公园内长长的羊肠山道为骑马和徒步者提供了寻幽探胜的机会。

为了保护岩石、岛屿、海湾的原始粗犷之美，当地政府把沿岸80千米以内的海域划归为公园。公园里水天相接，海滩上还往往留有海豹、黑熊和浣熊来往的痕迹，同时，公园也是五千多头罗斯福麋鹿群的聚居地。公园内有140种鸟禽，此外还有游隼、本南特貂和斑纹猫头鹰等濒危动物。

生物的多样性、海边壮观的风光、繁盛的雨林和雄伟的奥林波斯山，所有这一切使奥林匹克国家公园成为一处迷人的地方。

游隼

游隼别名花梨鹰、鸭虎，属隼科，是一种猎鸟，曾广泛地分布于全世界，现在数量已经十分稀少了。游隼体长约33～48厘米，背部呈蓝灰色，腹部是白色或黄色，上面有黑色的条纹。游隼体格强健，飞行速度很快。它们在空中飞行，看到水中的鱼会像闪电般地俯冲下来，以锋利的双爪捕杀猎物。这些猎物主要为鸭子和海岸鸟类。游隼栖息在靠近水边的岩石高山上，于悬崖峭壁上筑窝。一般每窝产2～4个红褐色的蛋，小鸟在孵化5～6个星期后出壳。由于人们对杀虫剂的大量使用，导致食物中加氯烃增加。加氯烃在游隼体内积累起来，影响了其繁殖能力，特别是使蛋壳变薄，容易破裂。这是造成游隼数量锐减的主要原因之一。另外，其栖息地遭到人类活动的破坏，也是数量减少的重要原因。

原先产于加拿大的哈得孙湾和美国南方的美洲游隼，已经在加拿大东北部和美国的东部地区消失。美洲游隼、欧亚游隼、阿拉斯加游隼等几种游隼都已列入濒危动物名单。

游隼

红杉的颂歌
红杉树国家公园

红杉树国家公园位于美国加利福尼亚州海岸，近海处是大面积的海岸红杉，向内陆延伸后则以山脉红杉为主。尤其是加州北部海岸，拥有明媚的海滨、幽静的河谷，特别是那片挺拔壮观的红杉树林。红杉树国家公园使这个地区名播全球。公园南北绵延近六百千米。成熟的红杉树树干高大，高达70～120米，树龄达800～3000年，是世界上罕见的植物景观。此外，公园内还有多种珍稀的动植物。

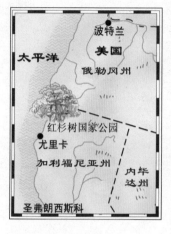

红杉树国家公园内涵盖了两种截然不同的自然地理环境：一是崎岖的海岸，一是临海的山脉。绵延55千米的海岸线，不乏陡峭的岩壁与宽阔的海滩。从海平面到海拔950米的高度差异，再加上2500毫米丰沛的年平均降雨量与终年湿润的海洋性气候，使国家公园呈现出缤纷多彩的自然生态风貌。这里已被记录的植被种类多达856种，其中699种土生土长的、最具优势的植被形态就是红杉。至于公园内的野生动物，目前的哺乳类共有75种，鸟类则超过了400种。

红杉适合生长在湿润温和的地方，加利福尼亚州北部海岸每年平均2000～3000毫米的降雨量，提供给红杉充足的水分。受太平洋洋流影响，夏天时此区沿海经常会出现浓雾，帮助维持森林湿气，让红杉免于盛暑的干旱。

红杉

红杉又叫美洲杉，长得异常高大，树干呈玫瑰般的深红色，成熟的树高达70～120米。红杉的寿命也特别长，有不少已有2000～3000年的高龄，最老的红杉树已经生长了5000年之久。红杉材质优良，具有很强的避虫害和防火能力，被公认为世界上最具经济

红杉树林所在的海岸

▌高大笔直的红杉树

▌雾气弥漫的红杉树林

价值的树种之一。红杉成材后，最上端的30米枝繁叶茂，像撑开的巨大的伞，而30米以下则没有任何旁枝。

红杉曾分布在北半球的广大地区。现今它们的生长地域较小，仅局限在从美国加利福尼亚州内华达山南端向北至俄勒冈州南部的克拉马斯山约450平方千米的地区内。红杉多长在潮湿海岸带的山谷中，它们几乎每天淹没在从太平洋飘来的温暖海雾中。树干由厚实、坚韧、耐火的树皮包裹着。年轻的幼树沿整个树身分蘖树枝，但是随着树龄增长，下层树枝逐渐脱落，形成了浓密的上层树冠。树冠吸收了几乎所有投向地面的光线。树林底层，只有蕨类和耐阴植物存活。在自然状态下，红杉缓慢的生长速度可以维持种群的延续，但是，随着人类采伐的增加，红杉林的面积正在不断地减少。

漫步于薄雾弥漫的参天红杉中，人们会愈加觉得自己的渺小。眼前笔直的树干看不见顶端，处处透着古老、庄严与静谧的气氛，仿佛具有一股神秘的力量。

目前已知世界上最高的树，是生长在公园南边红杉溪畔的高树群，其中最高的一棵便称为"高树"，世界第二高与第三高的树，也在附近方圆2000米内。在这里，溪流两岸冲积扇与低海拔坡地的肥沃土壤，还有距海洋仅数千米之遥的湿润气候，使得红杉获得理想的生长环境。因溪谷中的地势较为平缓封闭，红杉较不易受强风肆虐，加上接近水源以及山谷雾气经年缭绕，此区高树群的红杉也就长得比别的地区更高些。

树梢终年受到风吹日晒的成年红杉，每年仅生长2～3厘米；但那些在树荫遮蔽下成长的幼年红杉，在理想状况下一年可

红杉树国家公园内的"大树之家"

白人最先来到这一地区是在1775年。到了1825年,探险者史密斯为了探寻太平洋与落基山脉之间的新路线,带领毛皮捕猎师与马群穿过今日的红杉树国家公园。史密斯是第一个由内陆来这一地区勘探的白人。那时,白人跟这里的原住民接触仍然非常有限。直到1848年美墨战争结束,加州正式成为美国的领土,同一年淘金者在北加州的璀尼提河发现了黄金后,白人才大量涌进这块土地。

1850~1860年的十年间,加州的人口增长了4倍,木材需求量因此而提高。附近的红杉森林开始遭受践踏。因为红杉材质优良,坚固又耐用,俨然是另一种"黄金",短短几年间,伐木业蓬勃发展。在1853年,尤瑞加镇上就已有9家锯木厂。接下来的100年,红杉森林经历了史无前例的浩劫。

生长60~90厘米。在土壤肥沃的河流冲积扇或阳光充足的环境下,20年的幼树就能长到15米。但随着树龄的增加,生长速度也会渐趋缓慢。

红杉森林的浩劫

欧洲人发现美洲新大陆之前,加州北边海岸的原住民就已在红杉森林中居住了数千年。这里的印第安人主要属于四个原住民部落,各部落零散分布于沿海与河流溪谷间,语言不同,宗教信仰不同。部落彼此之间是独立自主的,但在经济、社会、宗教上却互相维系。原住民撷取丰富的自然资源来维持生活,利用倒下的红杉建造屋舍,世代承袭传统文化仪式与特殊生活技能,与自然界和谐共存。

刚开始,砍伐者还刻意忽略红杉,因为这种树过于高大,当时的技术条件还无法处理这么粗大的木材。但过了不久,因为红杉的市场价位高,各种困难均被克服:伐木工人用双刃斧及相当于两人高的横切锯砍倒红杉,然后再想办法将树干

公园中的蕨类植物

分段，再用牛车或马车把它们搬运到锯木厂。由于人工伐木速度缓慢，遍布的红杉还仿佛是取之不尽、用之不竭的资源。然而到了20世纪初期，工业化技术逐渐取代传统的人工作业方式。于是，原本分布广阔的古老红杉，一片接着一片地快速消失，蓊郁的山林被剃得光秃秃的，变得满目疮痍。

到了20世纪60年代，已有百分之八九十的原始红杉被砍伐殆尽。世界上最高的树在地球上演化生存了千万年，却在短短100年间，因为人类的贪婪滥砍而面临绝种危机。

红杉树国家公园的成立

早在19世纪90年代，大多数的红杉树林都已被业者收购变成私有地。在伐木如火如荼地进行时，虽然已经有人率先提出保护森林的主张，但在当时的情势下，根本难以立法管制。到了20世纪初，仅存的原始红杉林也迅速消失。1918年，古生物学者亨利·奥斯本、纽约动物学会的麦迪森·格兰特与加州柏克莱大学的约翰·梅里安共同创立了"拯救红杉联盟"。这些想要保护红杉森林的有识人士，其动机并非出自美学的欣赏，而是为了科学上的研究。因为红杉与千百万年前的红木有进化上的关联，所以被视为一种活的化石。该联盟以非营利组织的运作方式，到处筹募资金购买林地。1920～1960年间，他们已购置了四百多平方千米的原始森

黄色野杜鹃

林。购得的林地主要分布在加州北岸，随后交由加州政府托管。也因为有了这些土地，加州政府公园旅游部门得以先后成立杰德岱史密斯、岱尔诺提海岸、草原溪等多处红杉州立公园，为后来的加州州立公园体系奠定了基础。

然而，被保护的红杉仍然是非常有限的。在其他私有林地上，砍伐活动仍然持续进行着。尤其是20世纪50年代，滥伐情形更是愈演愈烈。60年代初期，美国国家地理学会捐赠64000美元给国家公园部门，协助其调查剩存的红杉林分布概况。结果发现，加州原有约8000平方千米的原始红杉林，当时只剩约1200平方千米未被砍伐。在业界与环保团体不断地争议斡旋下，1968年，美国国会终于通过法案，成立了红杉树国家公园。

罗斯福麋鹿

红杉国家公园的麋鹿被称为"罗斯福麋鹿"，是为纪念美国历史上最伟大的总统之一罗斯福而命名的，与北边奥林匹克半岛上的麋鹿属同种。公麋鹿长有鹿角，一头成熟的公麋鹿可重达五百多千克。罗斯福麋鹿分布范围从加州北端与俄勒冈，向北延伸至华盛顿州与加拿大的温哥华岛。

罗斯福麋鹿

冰雪世界
朗格尔—圣埃利亚斯国家公园

朗格尔—圣埃利亚斯国家公园和冰河湾国家公园都在阿拉斯加境内，与另外两处公园一起被列入《世界自然遗产名录》。湿润的太平洋季风为这里带来了大量降水和降雪，形成了广大的冰雪地带和冰川。36条主要河流流经此地，冲刷着该地区的淤泥和石块，改变着此地的地形。此地人迹罕至，在皑皑白雪和茫茫云雾遮盖下一片寂静。除了极地和格陵兰岛以外，没有哪儿像这里一样被冰雪覆盖了一切。

从西伯利亚开始向东航行穿越北太平洋，经过6个星期的航行后，1741年7月，俄国探险家白令所在的探险队发现了5402米高的圣埃利亚斯冰山。探险队抵达这里的日子是在俄国人传统日历上被称为"圣埃利亚斯日"的那一天，这座山峰便被命名为圣埃利亚斯冰山。

朗格尔-圣埃利亚斯冰山在1979年被认定为世界自然遗产，并在1980年被美国联邦政府宣布为国家公园。这个国家公园是美国较大的公园之一，占地面积超过3.2万平方千米，比新罕布什尔州和佛蒙特州加起来还要大。

冰山公园

公园的名字引用了那里最高的两座山脉的名称。圣埃利亚斯冰山是两者中较高的一座，位于公园的东南部，凹进处有两个海湾——亚库塔特湾和艾西湾。这两个海湾经过延伸都与峡湾汇合，融为一体。夏季，经常有船只航行在这一带。两个

马拉斯皮纳冰川

朗格尔—圣埃利亚斯国家公园夏季风光

公园内的冰山与湖泊

野生白山羊

野生白山羊又叫雪羊、石山羊、落基山羊。它们体长1.3~1.6米，尾长15~20厘米，体重约140千克。雌性比雄性躯体略小。其肩部突起，四肢短小，颌下有须，浑身披着一层浓密的白色长毛。野生白山羊产在北美落基山脉自阿拉斯加向南至美国俄勒冈、爱达荷及蒙大拿州，栖居在树木线以上的陡峭山坡和悬崖上。野生白山羊雄性单独或组成小群，雌性和幼仔结群，白天活动，吃生长在高山上的各种植物，如草、灌木以及苔藓等。它们行动缓慢，但步伐稳健，非常善于在悬崖峭壁间攀爬、跳跃。它们夏季一般在树木线以上生活，冬季雪深时不得不下到较低的地方，在气候严寒时往往到洞穴中去躲避。

海湾之间是马拉斯皮纳冰川，这个冰川是以1791年抵达这里的意大利探险家马拉斯皮纳的名字命名的。马拉斯皮纳冰川是世界上最大的山麓冰川之一。朗格尔冰山的高度相对圣埃利亚斯冰山较低一些，坐落在圣埃利亚斯冰山的西北方向。它包括四座冰川火山，高度为4800米。其中，只有朗格尔冰山还是活火山，不过，它上一次爆发已经是1900年的事情了。朗格尔冰山在公园的西北角，沿着库珀河陡然终止，驾车旅行的人可以看到一派极其美丽的景色。第三座山脉楚格奇冰山的走向大致上与朗格尔冰山保持平行，在赤提纳河谷的西面。赤提纳河谷是进入公园的主要陆地通道。

公园内大量的景观只有登山运动员才能看到。1891年，最早到达今天国家公园中心处的鲁塞尔描述了他从圣埃利亚斯冰山山顶上看到的景色："……使我感到震惊的是辽阔的被皑皑白雪覆盖的地面，它向四面无限延伸，其中凸射出数百个，也许是上千个裸露的嶙峋的山峰。在视野内没有溪流，没有湖泊，没有任何植被的痕迹。不可能再看到比这更荒凉或者是更没有生命的土地了。"

朗格尔冰山远眺

大自然的杰作
约塞米蒂国家公园

约塞米蒂国家公园位于加利福尼亚州，以多山谷、瀑布、内湖、冰山、冰碛闻名于世，给人们展示了世上罕见的由冰川作用而成的大量的花岗岩浮雕。在它海拔600~4000米的地带中，还发现存活有许多世上稀有的植物和动物种类。著名的约塞米蒂谷就位于国家公园内。它是一个12千米长的大自然杰作，这里景致各异，美不胜收。在这么小的地方内拥有这么多壮观的美景，实属罕见。

在约塞米蒂公园内，随处可见冰河切割的痕迹，它们是历经千年不朽的岩石和花岗岩。这里有地球上绝无仅有的地质沉积和侵蚀标本。5000万年前，地心迸发的热力使这里逐渐抬高，从海洋中露出来，并渐渐上升形成一片东北走向的山脉。伴随着内华达山脉的崭露头角，地表下的熔岩也开始延伸，火山在顷刻之间喷涌而出，冷却的岩浆成了沉积下来的坚硬花岗岩。当地震由内华达山向西倾斜时，

蜿蜒于山间的默塞德河加速了步伐，努力在山峦间切割出一条"U"形峡谷。众多支流追赶不及，步履踉跄地沿着峡谷斜坡滚落谷底。

约塞米蒂山谷中，高出林巅的花岗石悬崖庄严美丽，翻滚的瀑布气象万千，默塞德河上一片平静，这些奇景让无数人为之陶醉。

约塞米蒂山谷内的默塞德河

约塞米蒂国家公园的秀美风光

约塞米蒂谷

　　约塞米蒂谷坐落在美国西部内华达山脉西坡的约塞米蒂国家公园内。谷中荟萃了许多辉煌壮丽的自然美景：北美最高的瀑布、长寿的巨杉、幽深的峡谷、晶莹的湖泊，以及在林间出没的飞禽走兽。约塞米蒂谷是火山、地震、河流、冰河各自发挥才华创造出的艺术结晶。在冰川时代，冰川毫不留情地把那些软弱的岩石带走，它们对地面进行无情地刨蚀，岩石较为脆弱的部分都被滑动的冰块磨损掉了。冰川对山的刨蚀深度达到30米以上，形成了今天约塞米蒂的雏形，留下了高山、峡谷、草原、湖泊。

　　早在19世纪中期欧洲移民发现这块风景胜地前，印第安土著居民就早已在此生息繁衍。

　　约塞米蒂谷长约12千米，宽800～

1800米，谷深300～1500米，是一条典型的冰蚀"U"形谷，谷地平坦，谷壁陡峭。峡谷两侧的众多高耸的花岗岩圆丘、巨石和岩壁是最引人注目的景观。耸立在谷地南面入口处的船长峰，是世界上最大的花岗岩块，如刀劈斧削般的谷壁高达1099米。约塞米蒂谷的另一端屹立着一座花岗岩峰，因形状像被利斧劈去一半的一块巨大的圆石而被称作"半圆丘"。约塞米蒂谷茂密的植被涵养了丰富的水源。由出自谷地高处的特纳亚、伊利亚特和约塞米蒂三条溪流汇成的默塞德河从峡谷内穿过，形成了一系列瀑布，其中包括著名的约塞米蒂瀑布，高739米，是北美落差最大的瀑布，在世界范围内排名第三。

　　1864年，美国总统林肯顺应美国国内环境保护的呼声，将约塞米蒂谷划为予以保护的地区，因而约塞米蒂谷也被视为现代自然保护运动的发祥地。

约塞米蒂国家公园

　　约塞米蒂谷实际上只是面积为3086平方千米的约塞米蒂国家公园的一小部分。1864年，谷地成为美国第一个州立公园；1890年，其周围地区被规划为一个国家公园；1906年，国家公园合并了州立公园。约塞米蒂国家公园的正式设立主要是由自然学家约翰·缪尔促成的。1868年，缪尔来到这里，被约塞米蒂谷壮观美丽的景色所折服，他留了下来。他献出了毕生的精力为保护约塞米蒂的环境而努力。在缪尔的大力呼吁下，1890年，约塞米蒂国家公园正式成立。

整个公园从巨杉林到高山草甸，共有一千五百多种植物。这里生长着黑橡树、雪松、黄松木，还有"树王"巨杉。约塞米蒂国家公园内有株称为"巨灰熊"的巨杉。据测算，它已有2700年的树龄，是世界上现存最大的树木之一。约塞米蒂国家公园内分布着三个不同的巨杉林。位于公

山谷内的群峰

园南端的马里波萨丛林是公园内三处巨杉林中面积最大的一处，虽然这里的巨杉没有加州沿海的红杉长得那么高大，但这里的巨杉更为粗壮。有些巨杉的树干直径粗达10米以上。

公园里有一千多种花。春回大地，加利福尼亚罂粟盛开；到了夏天，芬芳的杜鹃花点缀着谷地的草坪。山坡上遍布着加利福尼亚丁香和紫色树皮的熊果。秋季的约塞米蒂山谷犹如在燃烧，满目净是红黄落叶。美洲黑熊是约塞米蒂公园最大的哺乳动物。黑熊大多在夜间觅食，主要吃球茎、嫩枝、鱼、蜂蜜、坚果和浆果。在冬季到来前，它们会尽力把自己吃胖。

约塞米蒂公园的泉水格外清澈、纯净甘冽。它们是由冰碛地表上的积雪融化成的。公园里的溪流，在不久以前的地质年代里，还被掩埋在冰川之下。冰川渗出的水形成的这些河流在河道中低声吟唱或发出银铃般的"叮咚"声，而温暖的天气则使表面的冰雪融化。

当冰河期即将结束的时候，冰盖开始

约塞米蒂山谷内的半圆丘

峡谷内耸立的巨岩

缩小,从平原低地向后撤退,于是河流的较低部分形成了。在融化的冰川边缘,有洞穴状的开口,河流便从中而出,随着冰盖的退后,河流越来越长。然而在几个世纪中,河流的支流及干流的上游部分仍被掩埋着。饱经沧桑之后,它们也将见到天日,在新生的大地上找到自己的位置。随着气候的持续变化,每一条支流及其更小的分支与主要干流渐渐地形成了。

约塞米蒂国家公园的溪流是世界上最著名、最有趣的溪流。较大的溪水与河流以其桀骜不驯的能量在峡谷间展现着它们的清澈与秀美。在泡沫飞溅的宽阔的平地上,水流以平缓的斜度呈梯级倾泻而下,随处泛起美丽的旋涡,四溅的水雾在阳光中幻出彩虹;在冲过崎岖的峡谷与挡在河道上的巨石时,水石相击的轰鸣久久回荡。在瀑布上,水势汹涌、奔放豪迈,而在穿过绿阴掩映的长长的森林流域时,水流却变得平缓舒畅,水光如银、水声如诉,使大峡谷中充满了美妙的歌声,使万物充满了生机。

约塞米蒂公园内的溪流是千姿百态的,任何一个季节,你都能感受到它们的诗情画意。初夏的溪水最为清澈,水流晶莹碧透,深而不浊,满而不溢。春天那种巨大的昼夜差异如今已变得很小,使人难以察觉。恬静的秋季里,溪水下降到最低水位,失去了往日的喧嚣与欢腾,变得沉静而安详。有些较小的河流没有来自顶峰山巅常年不息的泉源,于是它们便缩小成了涓涓细流。盆地中的积雪消失了,向这些河流供水的只剩下规模很小的冰碛泉了。在流经温暖的冰碛地表以及在砂石中间从一个水潭流向另一个水潭的途中,冰碛泉水大部分都蒸发了。因此,即使是主要的溪流,水也很浅,很容易蹚过去。

生物区

美国政府确认的七个生物区中,约塞米蒂国家公园内就有五个。公园主要有高山牧场和三块巨杉林地,动物有浣熊、野鹿等多种哺乳动物,以及221种飞禽、18种爬行动物和10种两栖动物。植物数不胜数,光松树就有加利福尼亚松、瘦形松、坚果松、白松、主教松、兰伯氏松等。

第二章
山岳篇

Part 2
Hills and Mountains

　　山岳是地球演变过程中形成的自然景观。你想领略山岳的雄伟吗？它们形象高大，拔地通天。

　　喜马拉雅山威武雄壮，昂首天外，地形极为险峻，环境异常复杂。坐落于欧洲中心的阿尔卑斯山是欧洲最高大的山脉，阳光照射者万年积雪的山峰，云蒸霞蔚，雄伟多姿。泰山是我国的"五岳"之首，有"天下第一山"之美誉，自然景观雄伟高大，有数千年精神文化的渗透和渲染以及人文景观的烘托。孔子留下了"登泰山而小天下"的赞叹，杜甫则留下了"会当凌绝顶，一览众山小"的千古绝唱。还有巍峨奇险的华山，峰如斧劈，崖似壁立……

步行者的天堂
比利牛斯山

比利牛斯山是欧洲西南部最大的山脉，西起大西洋比斯开湾，东至地中海岸，是法国和西班牙的界山。天气晴朗时，在平坦的阿基坦平原举目远望，可以看见宏伟壮丽的高山以及山间青翠茂盛的河谷、湍急的瀑布以及珍贵的动植物，当然，也有徒步行走的冒险者，因为这里是他们的天堂。

比利牛斯山是步行者的天堂，GR10号步道是法国最著名的长步道。从地中海穿越比利牛斯山区到大西洋，再也没有比步行更能亲近比利牛斯山的了。出发之前一定要做好完全的准备才行，因为此处是险峻的高山区，处处藏有危险。每年10月到次年5月，海拔较高的山路可能因为大雪而封闭。虽然位于西班牙和法国之间，但比利牛斯山并不属于这两个国家。几个世纪以来，比利牛斯山区是由一个个独立的自治区拼凑起来的，至今还有一些地区仍旧保持着强烈的独立意识，并且以历史和传统为荣。

野生动植物的栖息地

比利牛斯山沿大西洋的部分主要由茂密、葱郁的森林和平缓的台地组成。北坡属温带海洋性气候，年降水量1500~2000毫米，主要植被有山毛榉和针叶林。南坡属亚热带气候，年降水量500~750毫米，植被为地中海类型的硬叶常绿林和灌木林，具有明显的垂直变化规律。在海拔400米以下的地区，由于湿度较小，只有一些典型的地中海型植物，如油橄榄、石生栎等。在海拔400~1300米的地区，降水逐渐增多，分布着广泛的落叶林带。再往上，在海拔1300~2300米的区域，温度降低，植被主要以混交林和高山针叶林为主。而到了海拔2300米以上的区域，则是茫茫的高山草甸和冰雪。

阿拉扎斯河谷的上游布满砾石，山间生长着高山薄雪草、龙胆和银莲等植物。

比利牛斯山山体轴部主要由花岗岩和古生代的页岩、石英岩组成，而山体两侧则主要是中生代和第三纪的岩层。

比利牛斯山也是比利牛斯山羊的最后栖息地，岩架上时常会见到敏捷的臆羚，有时还会见到稀有的黑山羊品种。这种黑山羊是比利牛斯山特有的动物，雄性的黑山羊长有长达1米的角，向后弯曲成弓形。另外，这里还生活有大量的土拨鼠、狐狸、水獭、野猪和棕熊。攀石鸟更是这里的特殊成员，它们的攀石本领极强，能在陡峭的悬崖上猎取昆虫，而且，它们灰褐色的羽毛能和岩石融为一体，不容易被敌人发现。

阿拉扎斯河谷

阿拉扎斯河谷位于比利牛斯山脉的中央，源头是瑰丽的索阿索冰斗，这是一个巨大的天然圆形洼地，是由冰川的侵蚀而形成的。从索阿索冰斗再往上走是陡峭的小路，弗洛雷斯峰沿着阿拉扎斯河谷绵延近3000米，令人目眩。

阿拉扎斯河谷是比利牛斯山四大河谷之一，面积为156平方千米。湍急的河水流经连串的阶梯和瀑布，在崖顶侵蚀出一排排狭窄的石灰岩岩架，岩架上布满槽沟，气魄雄伟。

欧洲的脊梁
阿尔卑斯山

阿尔卑斯山是欧洲最高大的山脉，从热那亚湾附近的图尔奇诺山口沿法国、德国、意大利边境北上，经瑞士进入奥地利境内，贯穿大半个欧洲，绵延1200千米。阿尔卑斯山也因此得名"欧洲的脊梁"。

阿尔卑斯山脉是第三纪（6500万年前～160万年前）渐新世至中新世期间由于非洲板块向北边的亚欧板块移动挤压隆起而形成的。在古老的地质年代，现在的阿尔卑斯山区还是古地中海的一部分，后来由于地壳的运动，陆地逐渐隆起，形成了褶皱山脉，逐渐发展成为高大的阿尔卑斯山脉。至今，整个山区的地壳还不稳定，地震频繁。近百万年以来，欧洲经历了几次大冰期，致使阿尔卑斯山区形成了典型的冰川地形，各处山顶及旁边山谷的高度相差极大，山区被厚达1000多米的冰雪所覆盖，许多山峰岩石嶙峋，角峰尖锐。而且，山区还有很多深邃的冰川槽谷和冰碛湖。直到现在，阿尔卑斯山脉中还有1000多条现代冰川，总面积达3600平方千米，比欧洲国家卢森堡还要大。

阿尔卑斯山除了主山系之外，还有四条支脉伸向中南欧各地，是名副其实的"欧洲脊梁"。

复杂多变的气候

由于海拔较高、位置特殊，阿尔卑斯山形成了独特的气候特征。山脉的北部和东部位于西风带，夏凉冬暖，夏季降水充沛；南部地区则正好相反，冬季温和湿润，夏天干燥炎热。由于气候复杂多变，这里的植被也呈现出明显的变化，从丘陵到山顶依次是夏绿阔叶林带—山地针阔叶混交林带—山地暗针叶林带—高山灌丛草甸带—亚冰雪带—冰雪带。因为山地垂直自然带的分布，这里的种植业也呈现出不同的风貌：在山麓南翼的山地地带分布着广泛的

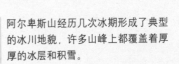
阿尔卑斯山经历几次冰期形成了典型的冰川地貌，许多山峰上都覆盖着厚厚的冰层和积雪。

果园，盛产葡萄、苹果、樱桃等水果；在低谷地和低海拔地区分布着谷类和玉米；在海拔1200～1900米的地方，小麦、大麦等农作物广泛种植；海拔1600米以上的高山地区还可以开辟高山牧场。

群峰林立

阿尔卑斯山脉群峰林立，平均海拔1800～2400米，许多山峰的海拔都超过3000米。在这些大大小小的山峰中，尤为引人注目的是位于法国和意大利边境上的

勃朗峰，它海拔4807米，是阿尔卑斯山脉的最高峰。"勃朗"在法语中是"洁白"的意思。整座山峰终年积雪不化，从远处望去，银白如玉。勃朗峰周围还有许多海拔稍低的山峰，它们好似锋利的刀剑，簇拥着勃朗峰，直插云霄，蔚为壮观。跨过

阿尔卑斯山的秋天气温稍凉，但空气特别清新，适宜各种农作物的生长。而在阿尔卑斯山海拔较低的地方，气候温和、湿润，所以这里的植被都很茂盛。

艾格尔峰、教士峰、少女峰曲折绵延，是阿尔卑斯山在瑞士境内最美的一段。

勃朗峰向北挺进，在瑞士中南部的劳特布鲁恩谷地，矗立着一座异常美丽的山峰。峰顶覆盖着晶莹的白雪，几道冰川顺峰而下。站在山下远远望去，整座山峰就像一个披着银发、婀娜多姿的少女，因此被称为"少女峰"。峰脚下，阿莱奇冰河蜿蜒流过，好似一条冰雪巨龙，给这座美丽的山峰围上了一条洁白的玉带。

高山生灵

今日的阿尔卑斯山是第三纪冰河时期的产物。冰河作用不但磨蚀了山壁，更

马特峰是阿尔卑斯山在瑞士境内的一部分，它有四条山脊，附近又没有别的山峰，从远处看就像一座巍峨的金字塔。

拓宽了山谷，稠密的水道网络形成了山区生命的源泉以及迁徙的路径，为无数生物提供了繁殖、栖息、藏匿和觅食之地。这里生活着大量典型的阿尔卑斯动物，包括野狼、山猫、棕熊和秃鹰等。坐落在海拔727米高处的阿尔卑斯山动物园，是欧洲海拔最高的动物园，这里生存着阿尔卑斯山的150多种动物，包括秃鹫、野牛、狗熊、羚羊等。另外，这里还有全世界独一无二的冷水鱼池，生活着许多稀有的当地鱼种。园中的动物全部采用放养式，狐狸、猫头鹰、狼、鹿、水獭等小动物随处可见。

生活在阿尔卑斯山地区的雄鹿是一种大型鹿科动物，它们每年冬天都会向阿尔卑斯山的山谷深处迁徙，以躲避风寒。

阿尔卑斯山地区旅游业十分繁荣，各种设施应有尽有，每年都吸引着大量的游客来这里观光旅游。

度假的天堂

阿尔卑斯山的景色十分迷人，有许多世界闻名的风景区和旅游胜地，吸引着来自世界各地的登山者和旅游者。近百年来，这里已成为休假和疗养的场所。夏天，这里是避暑胜地；冬季，这里是运动之乡。

亚欧边界的脊梁
高加索山

高加索山屹立在亚欧两洲之间，西濒黑海和亚速海，东临里海，它自西北向东南延伸，形成大高加索和小高加索两列主山脉，包括山麓地带在内占地44万平方千米，是一个自然生态多变化的地区，被称为"亚欧边界的脊梁"。

高加索山脉的很多山峰绝对高度都超过了5000米，其中，简称"厄峰"的厄尔布鲁士峰，是大高加索山群峰中的"龙头老大"，高达5633米，它位于高加索的中央，在群山环伺之下，显得出类拔萃、卓尔不群。

由于位处高纬度地带，高加索山积雪和冰川对地形的侵蚀很强烈，巨大的冰斗耸立于山腰，成了薄如刀刃的山脊，颇有"倚天宝剑"的神韵。在山顶处，积雪堆压着群山形成一条连绵的飘带，沿山脊起伏几千米，在阳光照耀下，颇为壮观。而在古冰川的底部，细流常常汇集成碧波荡漾的圆形湖泊，景色绮丽迷人。

生命的乐土

与当今司空见惯的人类破坏自然资源的现实相比，高加索可以称得上是一片生命的"乐土"了。高加索山的植被呈典型

在黑海南岸高加索山脉的褶皱向西延伸，在土耳其境内形成了高大的彭堤克山。

的垂直分布，从山麓到山顶依次生长着落叶林、冷杉、白桦树、高加索杜鹃和灌木丛等。人迹罕至的高加索也是动物的天堂。棕熊、高加索鹿、狍、欧洲野牛、岩羚羊、水獭、黑鹳、金鹰、短趾鹰在这里自由自在地繁衍着。高加索最使人惊叹之处要数光怪陆离的昆虫世界，记载表明该地有2500种昆虫，但实际上的数目比记载的两倍还要多。

高寒地区的"夏都"

沿高加索山脉有一处奇妙的景观，那就是被称为俄罗斯"夏都"的索契。索契位于黑海沿岸，高加索山脉几乎完全挡住了来自北方的冷空气，因此这里气候温暖湿润，四季如春，夏季不超过30℃，冬天在8℃左右，是地球最北端唯一一块属于亚热带气候的地区。这里有含氢硫化物的马采斯塔矿泉，温度为22℃，它的医疗特性在古罗马时代就远近闻名。目前，这里已经成为了俄罗斯的旅游胜地。

高加索山脉的东南峰主要由石灰岩构成，是典型的喀斯特地貌。西北峰则主要由火成岩构成，地势较高，由于流水的侵蚀形成了许多洞穴。

英雄的火种

在神话故事中，那位令人钦佩、令人同情的人类保护神——普罗米修斯就被缚在高加索山上，也是在这里，照耀人类历史的火种，带着英雄的豪迈与不屈流传了下来。在英雄与史诗远去的时候，高加索山也并不寂寞，旅客们的徜徉与攀登成就了这里的另一番景象。选择在高加索旅游、度假，不仅可以享受波澜壮阔的美景，还有温泉的洗礼以及英雄的故事在灵魂中震撼的思考和回味。

高加索山是欧洲东部的天然屏障，包含由中间凹地分隔开的两条平行的支脉。

河口湖是富士五湖的门户，在这里可以总览富士山的全貌及其在湖中的倒影。湖畔还种植着大量的薰衣草，吸引着许多游人前来观光。

富士山

富士山位于日本本州岛的南部，是日本最高的山峰。"富士"来自日本的少数民族语言虾夷语，意思是"火之山"。富士山海拔3776米，山顶是皑皑的白雪，山脚下是绚烂的樱花，是日本人民心目中的"圣山"。

富士山是一座年轻的休眠火山，从远处看，富士山呈现出完美的正圆形，高耸在蓝天之下，屹立在群峰之中。但严格说来，富士山并非完全对称的，它的各处山坡向上的坡度稍有不同，山体不是汇集在峰顶的一个点上，而是分布在一条曲折的平行线上。富士山的熔岩黏度适中，喷火口和下面的通道比较恒定，火山灰和熔岩依次堆覆，呈现出明显的层次。据史料记载，富士山至少喷发过18次，最后一次喷发是在1707年。从那以后，火山一直处于休眠状态，但每年仍发生10次左右轻微的火山地震，有些地方还在向外散发着热气。一首脍炙人口的诗讴歌了富士山的庄严和美丽："仙客来游云外巅，神龙栖老洞中渊。雪如纨素烟如柄，白扇倒悬东海天。"

日本人民把富士山当作"灵峰"、"圣山"，把樱花当作"神木"、"国花"，每年，在樱花盛开的时节，男女老幼和大批的外国游客都集中在这里，观赏美景。

富士山美景

作为民族的象征，千百年来，富士山一直是日本最著名的旅游胜地。山脚下，广阔的湖泊、瀑布和茂密的原始森林构成了一幅绝美的风景画，富士五湖环绕其

保护富士山

近年来，富士山每年约有30万吨山泥塌落流失，如果任其发展下去，这座高峰将会变得面目全非；另外，在山麓西南坡的大裂缝也在逐年扩大。为此，日本有关方面采取了很多措施，来保护这座美丽的"圣山"。

中，湖光山色，美丽绝伦。这里一年四季都美不胜收。春天，湖畔樱花盛开，碧绿的湖水同各色的樱花交相辉映，宛如花的海洋；夏天，山顶云雾缭绕，景色变化很快，是观赏日出的最好季节；秋天，满山红叶铺天盖地，呈现另一番绮丽景色；冬天，富士山头戴巨大的雪冠，远在100千米以外的地方都能看到。由于火山口的喷发，富士山在山麓处还形成了无数山洞，有的山洞至今仍有喷气现象。

富士山脚下的湖泊是由于火山喷发后的熔岩阻断了水流的去路而形成的。

冰雪的家乡
喜马拉雅山

喜马拉雅山是世界上最雄伟高峻的山脉，它西起帕米尔的南迦帕尔巴峰，东到南迦巴瓦峰，全长2400千米，在地球上形成了一条鲜明的地理界限。喜马拉雅山群峰林立，终年覆盖着厚厚的积雪，"喜马拉雅"在梵语中就是指"冰雪的家乡"。

喜马拉雅山是由于印度板块和亚洲板块相撞而形成的，两个板块碰撞的缝合线，大致在今天的雅鲁藏布江河谷一带。

由于地势高寒喜马拉雅山发育了许多规模巨大的现代冰川。雪线以下，冰塔林立，相对高度可达40~50米。

喜马拉雅山是地球上最年轻、最高大的山脉，它是由许多平行的山脉组成的，中间有许多狭长的深谷。喜马拉雅山脉的平均海拔在6000米以上，其中有10座山峰超过了8000米。在距今1亿5千万年以前，喜马拉雅地区还是烟波浩渺的古地中海的一部分。直到5000万年以前，印度板块不断北移，最后和亚洲大陆板块相撞，使古地中海东部的海底受到挤压，产生褶皱，才形成了这个高大的山脉。这一板块运动在地质史上被称为"喜马拉雅造山运动"。至今，喜马拉雅山还在缓慢地升高中。

喜马拉雅山十分高大。据科学家的估计，如果把喜马拉雅山的岩石全部打碎，平铺在地球的表面，能使地面高出18~20米。

陆地上的海洋生物

科学工作者在喜马拉雅地区发现了大量的古海洋动植物的化石，如三叶虫、笔石、珊瑚、海百合等，这些都证明在远古的年代，这里确实是一片汪洋大海。

山脉风光

喜马拉雅山区有许多规模巨大的现代冰川。雪线以下的数百千米范围内，冰塔林立，其间夹杂着幽深的冰洞、曲折的冰面溪流，景色奇特。喜马拉雅山脉南面陡峭，而北坡较平缓。南面高出恒河、印度河平原6000~7000米，构成一道巨大的天然屏障。由于南坡面临印度洋西南季风，所以降雨充沛，林木茂密。而喜马拉雅山北面，以缓坡和藏南谷地相接，宜农宜牧，成为藏族人民的生活聚集地。

喜马拉雅造山运动至今还没有停止，据1862~1932年的测量，许多地方平均每年上升18.2毫米，如果按照这个速度上升，1万年以后，它将比现在高182米。

海螺沟冰川·田湾河

贡嘎雪山

藏语中，"贡"是冰雪的意思，"嘎"意为白色。贡嘎山为川西大雪山主峰，峰顶常年为冰雪覆盖，海拔4600米以下才有草地和灌木林。贡嘎山是四川省的第一高峰，被称作"蜀山之王"。而位于雪峰脚下的海螺沟，则以低海拔的现代冰川著称于世。

海螺沟冰川是极少数一年四季可登临其上的低海拔现代冰川之一。

在地质史上，贡嘎山地区的地质构造活动较为频繁，地壳运动使这里产生了许多褶皱和断裂。随着山体的抬升，冰川侵蚀河谷的东西两坡形成了高差近5000米的峡谷。贡嘎山的主峰有四条主山脊：西北山脊、东北山脊、西南山脊和东南山脊。贡嘎山区的岩层以花岗岩为主，加上多年的冰蚀作用，狭窄的山脊陡峭犀利，坡度多大于70°，犹如出鞘的宝剑。贡嘎山区也是横断山系中的高峰集中区，附近聚集

四川

贡嘎山海拔为7556米，东西高差超过7300米，地势之悬殊非常罕见。

了45座海拔超过6000米的高峰。

由于地高气寒，贡嘎山的冰川广泛发育，雪崩频繁，雪线高度为5000～5200米。贡嘎山区约有110条冰川，面积达360平方千米，长度超过10千米的冰川有5条，其中最长的海螺沟冰川是我国著名的冰川公园。另外，比较著名的冰川还包括贡巴冰川、巴旺冰川、燕子沟冰川和靡子沟冰川，其冰层厚度达150～300米，十分壮观。贡嘎山还有中国目前已知的最大冰瀑布。古冰斗、U形谷、角峰、冰川湖等古冰川地貌比比皆是。此外又有不同温度的沸泉、热泉、温泉、冷泉聚于冰川森林之中，并有沸泉瀑布。

贡嘎山气候复杂多变，东坡从山麓至山顶分布有亚热带至寒带的各种气候带。相对应的植被垂直分布带是：海拔1000～1600米属于旱生河谷灌丛带；1600～2000米为山地常绿阔叶林带；2000～2400米为山地常绿与落叶阔叶混交林带；2400～2800米为山地针阔叶混交林带；2800～3500米为亚高山针叶林带；3500～4600米为高山灌丛草甸带；4600～4900米为高山流石滩植被。

贡嘎山是中国生物气候带垂直分布清晰、带谱多的山地，有多种冷杉、多种云杉及云南松、高山松、桦、槭、高山栎等

贡嘎山西控雅砻江，东临大渡河，奇峰竞秀，气势磅礴。贡嘎山被称为"蜀山之王"。

海螺沟冰川的最低点海拔2850米，伸入原始森林5000余米。

2500多种植物。动物有金丝猴、扭角羚、小熊猫、苏门羚、金钱豹及野猪、麝、绿尾虹雉、藏马鸡等。

贡嘎山的山体为浅绿色花岗闪长石，其主峰常年被冰雪覆盖，近似平台。由于横断山脉及贡嘎山系山体的南北走向，南来的潮湿气流可沿山谷长驱北上，主峰一带气候湿润而多变。贡嘎山发育有金字塔状大角峰，周围多峭壁。天气多变加之路线陡峭，所以攀登贡嘎山甚至比攀登珠穆朗玛峰还要难。但也正因为其攀登难度系

红石滩是贡嘎山下的著名景点，因大大小小的长着红色真菌的石头而得名。

数大，吸引了大批世界一流的登山家前来攀登，由于其巨大的攀登难度，贡嘎山的登顶死亡率极高。

海螺沟景区

海螺沟景区位于四川省甘孜州磨西镇境内，距成都295千米，是贡嘎山东坡的冰蚀河谷，因沟内发育着贡嘎山中最大的海螺沟冰川而得名。

每天清晨，太阳冉冉升起时，贡嘎山连绵的雪峰霎时间笼罩在一层灿烂夺目的金光中，这就是海螺沟最著名的景观——日照金山。海螺沟沟内的高差达6000米左右，因此，2500多种从亚热带至寒带的野生植物都集中在一个风景区内。沿着山路步行，海螺沟内的植物景观变幻无穷，沿途可见棕榈树、竹林、参天古木、野生杜鹃及地衣类植被。

海螺沟冰川是亚洲位置最东、下隆海拔最低冰川之一。海螺沟冰川又称一号冰川，全长15千米，面积约16平方千米，最高海拔6750米，最低海拔仅2850米。

世界上的冰川分为两类，一类是大陆冰盖，一类是山岳冰川。大陆冰盖主要分布在南极和格陵兰岛；山岳冰川则分布在中纬、低纬的一些高山上。我国的冰川都属于山岳冰川。在高山上，冰川发育的条件，除了要求山体必须具备一定的海拔外，高山也不能过于陡峭。如果山峰过于陡峭，降落的雪就会顺坡而下，无法形成积雪，也就谈不上形成冰川。

地球上的山岳冰川分布在各个纬度的高寒、高海拔地区，一般人难以到达。而海螺沟冰川的雪线（此线以上为终年积雪地区）的海拔高度仅为2850米，是亚洲海拔最低的冰川，也是离城市最近的一条现代冰川。

海螺沟冰川沿纵向呈三级阶梯：粒雪盆、大冰瀑布和冰川舌。最顶端的粒雪盆是孕育冰川之地；大冰瀑布由无数巨大的光芒四射的冰块组成，仿佛从蓝天直泻而下的一道银河，宽500～1100米，高达千

每当秋风送爽，寒霜初降，海螺沟景区内的迷人的秋色就开始呈现。

在中国，发生登山事故最多的地区是西藏的珠穆朗玛峰和四川的贡嘎山。因此，贡嘎山号称"魔鬼之山"。

余米，是我国迄今发现的最高大、最壮观的冰川瀑布；冰川舌伸入原始森林，形成了冰川与森林共存的奇妙景观。

海螺沟温泉也是海螺沟的一绝。海螺沟内有众多大小不一的温泉群，沟内共建有14个温泉池。其中，尤以二营地的温泉为最，其泉眼从半山腰流出，水流量丰富，温度高达92℃。

田湾河

田湾河发源于贡嘎山南坡，是贡嘎山最大的河流，河水自高山上飞奔而下，水流湍急，形成了几十处大大小小的瀑布，如条条白练飘荡在山间。

田湾河景区位于石棉县境内，面积约380平方千米。景区沿河延伸，内有10余座海拔5000米以上、终年积雪的山峰。其中，莲花山宛如七瓣莲花，在莲花山上可观日出、云海，气势磅礴。景区内的地热资源十分丰富，多处温泉如大热水、小热水、神药水等温泉的水温在30～70℃，含有丰富的微量元素。

景区海拔在800～5000米之间，几十千米内植物按高差、气候垂直分布，景观从阔叶林带到永久积雪带，生物资源十分丰富，有较高的科考、科普和观赏价值。

与太平洋并肩而行的使者
安第斯山脉

安第斯山脉纵贯南美大陆西部，其北段支脉沿加勒比海岸伸入特立尼达岛，南段伸至火地岛，总长9000千米，跨越7个国家，是世界上最长的山脉。这里山势雄伟，绚丽多姿，整个山体走向与太平洋比肩而行，是世界上最壮丽的自然景观之一。

此图是从卫星上拍摄到的位于智利境内的安第斯山脉，它的右边是太平洋。

安第斯山脉由白垩纪时代形成的岩石组成，形成初期山体并没有现在这样高大，在过去的2800万年间，由于板块相互碰撞而造成的火山喷发和地震，将它的高度提升了1500米。

安第斯山脉属于科迪勒拉山系的一部分，平均海拔3660米，由一系列平行的山岭组成，其中的汉科乌马山海拔7010米，为西半球第一高峰。

安第斯山脉历经多次褶皱、抬升以及断裂、岩浆侵入和火山活动，地壳活动仍在继续，为环太平洋火山、地震带的一部分。按构造地形特征，安第斯山脉可以分为北、中、南三段。北段山脉呈条状分支，隔以山谷和低地。中段的宽度和高度显著大于北段，在秘鲁境内，受亚马孙河上游支流的切割，形成众多深邃的峡谷。安第斯山第二火山带就分布在这里，其中高于5700米的火山锥有18座，是世界上最高大的火山带之一。南段山体高度变化很大，北部高峻，平均海拔4000～5000米，山系的最高峰多集中在此。南部低矮，在火地岛，高度减至1500～2000米。这一带地区断层纵横交错，山地分割破碎，冰川地貌普遍，现代冰川十分发达。

安地斯山是世界上最重要的矿区之一，南部矿区的范围特别辽阔。主要矿物有：智利和秘鲁的铜，玻利维亚的锡，玻利维亚和秘鲁的银、铅和锌，秘鲁、厄瓜多尔和哥伦比亚的金，哥伦比亚的铂和祖母绿，玻利维亚的铋，秘鲁的钒以及智利、秘鲁和哥伦比亚的煤和铁。

复杂多样的气候和植被

安第斯山脉的气候和植被类型复杂多样，随纬度、高度和朝向的变化而各有不同。北段地处低纬，具有热带湿润的基本特征。低地和低凹地带终年高温，年降水量超过2000毫米，热带山地常绿林所占的比重很大。由此向上，气候和植被类型依次更替，直至高山冰雪带。中段自北向南气温年差增大，降水量减少，干旱特征明显，但东、西坡之间差异巨大，西坡为荒漠和半荒漠，降水量不足250毫米；东坡则高温多雨。南段地处中、高纬，表现出温凉湿润的特征，西坡为地中海式亚热带硬叶林和温带湿润森林，东坡则以山地灌木、半荒漠为主。

梦中的月亮山

鲁文佐里山

横跨民主刚果共和国和乌干达边境的鲁文佐里山，是南美洲四大热带冰原之一。这里雪峰耸峙，云雾缭绕，山间隘口遍布，峡谷穿插，山坡森林密布，整座山脉散发着奇异的光芒，仿佛笼罩在一片白色的梦幻之中，因此当地人称之为"梦中的月亮山"。

鲁文佐里山特殊的地理位置，形成了它独特的气候区域。鲁文佐里山山脚下是茂密的草地，沿山而上，一直铺展到1500～2000米的中麓。在那里，草地让位于高大的森林，雪松、樟树、罗汉松是其中的优势树种。随着高度的增加，到2400米以上，森林又被竹林所取代，竹林生长得非常密集，以至于连阳光都穿不透。3000米以上是亚高山沼泽地带，苔草和粗劣的生草草地以及有刺柏组成稀疏的林地。同时，地表还装饰着彩带般的苔

鲁文佐里山是一个死火山群，山顶经年云雾缭绕，不见天日。

奇特的地质构造

鲁文佐里山是一座十分年轻的山，是由一块巨大的陆地向上抬升，然后剧烈倾斜而形成的。山的表面覆盖着大量的云母片岩，在阳光的照射下闪闪发光。六座山峰直插云霄，中间有隘口和深河谷相连，河谷上游巨大的冰川和小湖把整座山装点成了一个梦幻之地。

藓、欧龙牙草、蕨类以及地衣，整体气候潮湿温润。再往高处，4270米以上是由湖泊、冰斗湖、冰瀑和独特的植物群组成的高山带。

火山喷发后形成的氤氲的雾气使得鲁文佐里山常年温暖湿润，适于各种高大的植物生长。1994年，这里被联合国教科文组织列为世界自然遗产。

复杂多样的动物

鲁文佐里山是非洲为数不多的有永久性冰川覆盖的山脉之一。山上的气候随着山体高度和朝向的变化而变化，因此形成了一个适合多种动物生存的复杂多样的地区。这里生活着不少于37种的鸟类和14种蝴蝶，其中包括奇异的红头鹦鹉和蓝冠蕉鹃。在浓密的森林里，常常可以看到它们像一道彩色的闪电从眼前划过。除了这些娇小美丽的鸟，鲁文佐里山区也生活着大量的猛禽，黑雕、鹰隼在森林的上空滑翔，仿佛在向人们昭示它们空中的领导地位。同时，高大的森林也是哺乳动物的栖息地，成群结队的黑犀牛、非洲象、小羚羊在布满水草和沼泽的林间空地觅食，黑疣猴、白疣猴、肯尼亚林羚在林地中游荡。其中最著名的要算山地大猩猩，它是该生态条件下的特有物种。山地大猩猩是

蓝冠蕉鹃原产于非洲，体形较小，只有40厘米左右，因其背部的羽毛为漂亮的蓝色而得名。

一种温和的动物，主要以植物的嫩芽和木髓为食。但是，目前它们正在遭受人类的直接迫害和家园的逐渐丧失双重灾难，尚存的已不足400只，处于高度濒危状态。

鲁文佐里山优越的自然条件使得许多大型的野生动物得以在这里繁殖生息，非洲象就是其中最著名的一种。

阿尔泰山是天山北出支脉，也是中国和蒙古国的界山。

千里岩画长廊

金山阿尔泰

从额尔齐斯河北岸遥望阿尔泰山，不见极顶，唯觉山势浑莽，如白熊酣卧、银龙高盘。山下的草原辽阔而肥沃，这里曾是匈奴、鲜卑、高车、突厥、契丹等我国古代游牧民族生息繁衍的地方……

新
疆

阿尔泰山位于新疆北部，为一强烈抬升的典型地垒式断块山。"阿尔泰"在蒙语中的意思是"金山"，因为这里金矿丰富，当地有谚语"阿尔泰山七十二条沟，沟沟有黄金"。阿尔泰山呈西北—东南走向，绵延2000千米以上，山峰平均海拔3500～4000米。它是中、俄、蒙三国间的界山，其西北、东南段分别位于俄罗斯、蒙古境内，中段在中国境内，长约500千米。这里是哈萨克人的家园。哈萨克男子五岁能骑烈马，十岁敢斗恶狼，十五凛凛一躯，风霜雨雪不困，一饮斗酒，一餐只羊，个个骁勇剽悍；哈萨克女子五岁能挤奶，十岁会擀毡，十五亭亭玉立，如山麓之白杨，勤劳美丽。

青河县位于阿尔泰山东南麓，这里生活着哈萨克族、汉族、蒙古族、维吾尔族等16个民族。

生活在阿尔泰山的哈萨克牧民，四季都居住在传统的移动式毡房里。他们以放牧羊群为生，借助畜力劳作。

千里岩画

阿尔泰山素有"千里岩画长廊"之美名。在阿尔泰山脉峻峭伟岸的山岩上，遗留有2000～3000余年前古代游牧民族的丰富岩画。从阿勒泰地区吉木乃县、哈巴河县，直到该地区最东部的青河县，逢山必有岩画。这些岩画有的刻画在悬崖峭壁上，有的刻画在洞窟的壁顶上，有的刻画在林中巨石上，大多临近古今牧道。可以断言，凡出现岩画的地方过去或现在都是优良的狩猎场或放牧场。阿尔泰山岩画最初的作者为塞族人，而后世游牧民族又一代代补续之，终于完成了这一世所罕见的艺术巨作。岩画分岩刻和彩绘两种，内容多为狩猎、放牧、舞蹈、宗教活动及家畜和野生动物形象。

草尔黑岩画　　位于阿勒泰市22千米，分布在汗德尕特河西岸裸露的岩石上，海拔高度880米，岩画散凿在200平方米范围的岩石上，约有10余幅，岩画制作以平铺敲凿为主，内容表现动物居多，包括鹿类、食肉类、羊类和马类，构图新颖。

骆驼峰岩画　　位于克兰河西面骆驼峰附近，海拔1000米，岩画分布面积约8000平方米，有20余幅。图像中除常见的动物外，还有狐狸和一些符号图案，在整

阿尔泰牧区水草肥美。牧民们一般在秋季转场。

个画面中又穿插着拉弓射箭的人物，形成射猎场面。

奥克孜拜克—杜拉特岩画　　地处阿尔泰山系低山带，分布于奥古孜拜克、杜拉特古孜道间的数条小沟中，高城区东南约16千米，海拔880～1000米，岩画分布面积达1.1平方千米，有近百幅之多，为阿尔泰地区少有的大型岩画群之一。在岩画构图上，有的以同类动物成排，对峙呈上下交错布局，有的将食肉类或食草类动物同凿一石，形成追逐、撕咬等场面，有的将动物同人类放在一起，形成一幅远古先民放牧、狩猎的生活画面。

这几处较典型的岩画在构图形式上灵活多样，画面形象自然，寓有生活气息，从艺术角度上讲是属于现实主义的作品，在表现手法上也有独到之处。这些古代先民善于运用夸张和对比来弥补绘画技巧上的不足，以期达到艺术的效果。

阿尔泰山的岩画构成一条1000多千米的艺术画廊，其规模之大、内容之丰富都是世上罕见的。目前，阿尔泰的古代岩画被越来越多的史学界、考古学界、美术界的中外专家所瞩目，对它的发现和研究方兴未艾，还在不断深入。

地理风光大走廊

天山南北

"明月出天山，苍茫云海间。长风几万里，吹度玉门关。"李白的一首《关山月》让人不禁对中国边疆的白头雪山——天山神往不已。那里有清凉群山和皎皎圆月，有宁静原始的美丽风光……

巍巍天山，口衔天池，东西横亘2500余千米，南北宽约250～350千米，西起中哈边境，东至星星峡，在我国境内绵延1700千米。整个天山山系由3列山脉组成，由北往南分别称为北天山、中天山和南天山。天山山体由山地、山间盆地和山前平原三部分组成。作为一个比较年轻的山系，天山不过形成于距今二三百万年前，但在亿万年漫长的地质史中却反复经历了陆地—海洋—陆地的巨变，万劫打磨，百般锻造：隆起、断裂、剥蚀、沉降、移位……于地球一隅，孤独地进行着孕生，渐渐显形。终于，距今1200万～200万年前，天山在其演化的第三阶段中破茧而出，东西分布，条状隆起，形成今天的规模。

天山天池

天池位于北天山中段的博格达山北坡。博格达山向西，山势逐渐高峻，20多座海拔5000米以上的山峰将广袤、深远的新疆之奇丽、险峭的一面打开。回首东望，山势逐渐低矮，突然，博格达峰以海拔5445米的挺拔身姿陡起于群山丛中，与另外两座海拔分别为5287米和5213米的山峰构成了著名的"雪海三峰"，成为新疆的象征。天池也是因为陡然升起的高度而显得高峻异常。其实它的海拔为1943米，严格来说还不到"半山腰"。天池仰卧天山怀中，以无限的爱恋缠绵于近在咫尺的冰峰脚下，又被群山托起，风姿绰约。

天山拥有茂密的森林、广阔的草原和众多的山系，是新疆"生命的摇篮"。

天山雪莲

"耻于众草之为伍，何亭亭而独芳！何不为人之所赏兮，深山穷谷委严霜？"1000多年前，中国唐代一位著名的边塞诗人流连在西域时，曾经这样吟唱当地一种独特的植物，这种奇异的植物就是雪莲。

新疆地大物博，特殊的光热资源和强烈的昼夜温差使这里培育出许多独特的生物群落。天山雪莲属菊科，是多年生草本植物，其"异香腾风、秀色媚景"的风姿很早为中国古人所认知，被称为"雪荷花"。在新疆，世居于此的哈萨克、蒙古、维吾尔等少数民族居民则称此花为

天池古称"瑶池"，长3400米，最宽处约1500米，最深处达105米，在地质学上属冰碛湖。

"卡尔莱丽"，意为雪中莲花。雪莲花就生长在海拔3000～4000米高寒冰碛地带的悬崖峭壁上。由于生长环境特殊，雪莲3～5年才能开花结果，很难人工栽培。雪莲植株高15～35厘米，茎粗厚，直立，密集着10多片嫩绿的长圆叶片，幼小时全株有特异的香味。每年7、8月间，雪莲开花，花的外围有十多瓣玉白色或淡绿色的半透明膜质苞片，拢着一颗大如拳头的紫色半球形花心，看上去就像大朵荷花亭亭玉立于风雪之中，是高山冰雪王国上的一抹秀色。

天山是新疆地域的分界，天山以北称为北疆，以南为南疆。

赛里木湖位于新疆天山西段的高山盆地中，呈椭圆形。

泥火山

　　泥火山地处乌苏市白杨沟地区的天山浅山区，总数有40余个，其中直径最大的1.6米，最小的只有蚕豆大小。泥火山口的喷发口呈圆形或椭圆形等不同形状。泥浆有灰色、褐红色和灰白色等几种，有的火山口喷发剧烈，伴有咕咚咕咚的响声，每分钟喷发的气泡达几十次之多；有的呈阵发性喷发，隔一段时间喷发一次。泥火山是地壳断裂活动形成的罕见自然景观，除我国新疆外，世界上只有美国、新西兰和我国的台湾地区有此现象，但其规模和数量都不如乌苏白杨沟地区发现的泥火山。这里的泥火山至今仍在不停地喷发，实属罕见。

天山北坡秘境

　　天山北坡上有许多色彩绚丽、景色奇绝的地理景点，被人称为"天山地理风光走廊"。自乌鲁木齐向西，北天山山脉诸峰突立，这些海拔3500～5000米的天山骄子，一路挑起银白耀眼的雪峰，俯瞰大地。从地质上来说，山峰均由海西斯花岗岩和古生代变体岩系组成，角峰林立，冰川高悬。从海拔1000～3600米，分布着从白垩纪、第三纪到早更新世的不同的变体岩系。其中海拔1000～2600米左右侏罗系分布广泛，由紫红色砂砾岩、砂岩、褐红色、灰绿色泥岩、砂岩组成。

　　史前地质奇观　　呼图壁县内的天山北坡沿地槽出现陡峭如削的山崖绝壁，远远看去如一条蜿蜒起伏的长龙奔腾在浩瀚的戈壁上。长龙似的山体中广泛分布着侏罗纪地层和白垩纪地层。那些代表着侏罗纪、白垩纪等不同年代的绿色、紫红色、紫褐色、黄色、朱红色、灰绿色、灰白色、淡黄色、棕紫色等砂岩地层色性特征，使陡峭的山崖诸色共呈，夺目非凡。

　　"红山"石门子　　进入呼图壁河谷的中上游段，山体出现非常明显的褶断束。在喀勒夏特北侧，有近乎东西280度的紧闭背斜，两翼岩层陡倾，倾角为75度左右。岩层被大自然的巨手断裂切割。呼图壁河从石门大峡谷中穿流而下，深切的河谷在石门前形成S形河弯深谷，与河谷两侧的构造山体形成了十分壮观的峡谷风光。这里的背斜构造因以红色泥岩砂岩构成山体红色主调，多被当地人称为"红山"。而这里的许许多多的"石门子"实际上都是在东西向的背斜构造山体中，由南北向发育的河流切割的通道。康家石门子岩山体中，有一组世所罕见的大型原

始生殖崇拜岩刻，在120平方米岩面上雕刻着大者2米，小者仅20厘米的二三百个人物。到了塔西河谷内，一座塔西河石门大坝使山谷中形成了一条高山河流，南面是天山雪峰林海，北面是形态各异的红崖山峰，有的形如古堡，有的如利刃穿天的岩柱。

河谷历史　　穿过塔西河石门，进入长达120千米，宽约10千米的玛纳斯红山构造带。这一段地层出露完整，背斜形态良好，岩层层性清晰。这条背斜构造是天山北坡第二排新生代构成的背斜构造，对研究天山的隆升过程、新构造运动、第三纪地层和古环境具有重要作用。最为壮观的是玛纳斯河谷。天山北麓年径流量超过10亿立方米的玛纳斯河像一条怒龙穿越玛

纳斯背斜构造的中部。年轻的天山不断地隆升，被峡谷约束的玛纳斯河积聚了惊人的力量，深深切入大地，在今玛纳斯县凉州户乡境内留下3～4千米宽的河谷地。这一段山岩呈现出4000万年～1200万年之间的渐新纪、中新纪、上新纪的山体特征和地层构造。蒙古庙至巴音沟段，侵蚀强烈的山间河谷地貌形态令人着迷，完整的流水阶地地貌表现得淋漓尽致。这里的多条河流将亿万年形成的第四纪、第三纪泥砂质地层切出深达几十至上百米深的河谷。河水从山谷呼啸穿越，在河谷槽壁上形成了奇特的沟蚀景观。纹沟、细沟、切沟和冲沟布满了长达几十千米的河谷槽壁，这些沟纹诉说着亿万年来惊心动魄的水与岸交锋的历史。

奎屯河峡谷位于新疆维吾尔自治区的独山子区境内，是奎屯河流出天山以后不断冲刷、切割倾斜平原而形成的。

泥火山是唯一可以看得见、听得着的大地的呼吸。

湿润温带山地生态系统的天然博物馆

生态长白山

长白山是一座与五岳齐名的大山，人称"千年积雪万年松，直上人间第一峰"。在我国众多的名山中，唯有长白山的纬度最高，其海拔和面积超过了国内的一般名山，也是欧亚大陆东部最高的山峰。

秋染长白山，如木刻版画一样的肃杀景致，让人从最纯净的色调中感受到一种简单的震撼。

在中国东北吉林与朝鲜的接壤处，有一条呈东北—西南走向、绵延约1000千米的山脉，这就是闻名天下的长白山。据地质学家考证，其形成的历史已有100万年之久。它以茂密的森林、红松的故乡著称于世；它是松花江、图们江、鸭绿江三江之源，珍禽异兽之家，并拥有温泉、瀑布、山花、天池、奇峰、巨石等绚丽的自然风光。以长白山顶部天池为主体，包括周围的原始森林，是一座自然生态系统保持得比较完整的湿润温带山地生态系统的天然博物馆。整个地区平均海拔为500～1100米，长白山的最高峰——白头山海拔为2744米，是欧亚大陆东部最高的山峰。受山地地形垂直变化的影响，处于北温带的长白山地区具有山地气候特点，年平均气温变动于3～7℃之间，年降水量在600毫米以上，在海拔较高的地段，降雨量超过1400毫米，是我国东北雨量最丰沛的地区之一。本区冬季严寒而漫长，夏季温暖而潮湿，是亚洲东部大陆上唯一具有高山冻原的山地。

长白山大峡谷长70余千米，是火山熔岩表面的火山灰和泥土被江水及雨水冲刷而形成的。

第四纪火山喷发区

　　长白山是历史上火山活动较为激烈的地区。早期喷发活动在距今约300万～200万年的第四纪，形成了以长白山天池为主要火山通道的火山锥。在最近300多年来又发生了3次喷发，因而形成了典型的火山地貌类型——玄武岩台地、倾斜玄武岩高原、火山锥体以及河谷等。在火山岩中常可看到夹杂的木炭，有的地方还发现有被火山岩埋没过的粗大红松。这些历史遗迹表明，长白山在火山喷发前及喷发间歇期间都曾有过茂密的森林。火山喷发后，含有多种矿物质的火山灰形成了肥沃的土壤。所以，这里的气候、地质历史、土壤都给长白山动、植物的繁衍提供了优越的条件。

温带到寒极主要植被类型的缩影

　　长白山植物种类异常丰富，植物区系成分也复杂多样，既有古老的第三纪植物成分，也有欧洲、西伯利亚的植物种，还有邻近的朝鲜和日本植物区系成分，随着冰川移动而南侵的极地植物，在冰川退却后也被保留在长白山的高山冻原上，此外还发现有我国南方亚热带的成分。长白山植物区系与多样的自然条件相结合，组成了各具异彩的植被类型，从河谷一直分布到长白山主峰，几乎是欧亚大陆从温带到寒极各种主要植被类型的缩影，对于研究温带山地的地质、地貌、土壤、气候、植被和野生动物等具有重要的意义。长白山植被的垂直带谱明显，随着海拔的上升，气候逐渐下降，空气湿度增大，雨量随之增多，由此山体自下而上分布着针阔混交林带、针叶林带、岳桦林带和高山冻原（苔原）带。高山植物因地处较高海拔，紫外线的强烈照射使之开出了许多色彩艳丽的花朵。每当花期来临时，景色异常美丽，各色各样的花朵争芳吐艳，为长白山戴上了美丽的花环。

长白瀑布急流而下，冲出约20米深的潭。潭水流出，汇为二道白河，两岸是岳桦林。

独一无二的悬空寺奇构

绝塞名山 五岳之恒

域中之山，莫尊于五岳。嵩、衡、华、泰名震海外，而恒山却相对寂寞。然北岳有二奇，为宇内独绝。其一为悬空寺，楼阁浮空，虚楼悬秀；其二是百神同悦，三教合一。

北岳恒山，又名常山，是海河支流桑干河与滹沱河的分水岭。它西衔雁门关，东连太行山，南接五台山脉，北临大同盆地，跨晋、冀两省，绵延150多千米。秦始皇时，朝封天下12名山，恒山被推崇为天下第二山。汉代确定五岳制度时，河北曲阳县的大茂山为北岳，直到明代才改恒山为北岳，并沿用至今。恒山主峰居于山西省北部浑源县境内，海拔2016.8米，山高为五岳之冠，比泰山绝顶还高出近500米。天峰岭与翠屏峰是恒山主峰的东西两峰。双峰对峙，浑水中流，控关带河，山势险要，素有"人天北柱"、"绝塞名山"之称，历来是兵家必争之地。

悬空寺为木质框架式结构，半插横梁为基，巧借岩石暗托，梁柱上下一体。

悬空寺上载危岩，下临深谷，人行其上，有惊心动魄之感。

说："悬空寺，半天高，三根马尾空中吊。"从谷底仰视，似仙阁凌空，上接云端；登楼俯瞰，如临绝壁深渊，浑水中流。古诗道："谁凿高山石，凌空构梵宫，蜃楼疑海上，鸟道没云中。"生动地描绘了悬空寺惊险神奇、动人心魄的景象。

从殿内侧身探头向外望，但见凌空的栈道只有数条立木和横木支撑着。这些木梁叫做"铁扁担"，是用当地的特产铁杉木加工成为方形的木梁，深深插进岩石里去的。木梁用桐油浸过，所以不怕被白蚁咬，还有防腐作用。这正是修筑栈道的古法。悬空寺就是用类似筑栈道的方法修建的。另外，凹陷的山势使得塞外凛冽的大风不能吹袭悬空寺，而寺前的山峰又起了遮挡烈日的作用。据说，在夏天的时候，每天只有3个小时的阳光照射悬空寺。难怪它能够历经了千百年风雨甚至地震，迄今仍然牢牢地紧贴在峭壁上。

悬空寺

悬空寺始建于北魏后期，至今已有1400多年的历史。现存建筑是明、清两代重修后的遗物。悬空寺面对天峰岭，背倚翠屏山，坐落在金龙口西崖峭壁上。它的建筑构思非常奇特，以崖凿眼，悬梁铺石为基，殿宇楼阁与崖体浑然结合。寺门依山势朝南开，内有楼阁殿宇40间，南北各有一座三檐歇山顶，危楼耸起，对峙而立，从低向高，三层叠起。殿阁间飞起栈道相连，高低相错，用木制楼梯沟通。整个寺庙错综而不显零乱，交叉而不失严谨，似虚而实，似危而安，实中生巧，危里见俏。当地有民谣

恒山被誉为"塞外第一山"，是著名的道教圣地和旅游胜地，保留了众多珍贵的文物古迹。

青黄并存·国宝佛光寺

清凉五台山

清凉圣境里，从那具有异国风情的白塔上飘来叮叮咚咚的风铃声，焚香炉散发着若有若无的檀香味儿，僧人们过着寒凉清净的日子，一切恍若隔世。

五台山是著名的佛教圣地，国内外佛教徒竞相来此朝礼。

五台山坐落在山西省的东北部，属于太行山系的北端。五台山海拔高度多在2700米以上，方圆约250千米，因其五峰如五根擎天巨柱，拔地崛起，而峰顶却平坦如台，故名五台山。这里又因海拔较高，山上植被茂密，四季清凉，降雨较多，而得名清凉山。五台山是驰名中外的佛教圣地，与浙江普陀山、四川峨眉山、安徽九华山并称为我国佛教四大名山。而五台山以其建寺历史之悠久和规模之宏大，位居佛教的四大名山之首，人称"金五台，银普陀，铜峨眉，铁九华"。

青黄并存

五台山被汉藏佛教徒共同确认为文殊菩萨的道场。在大乘佛教里，文殊菩萨是助佛弘法的首席菩萨，主司智慧。所以，五台山又被当做"智慧山"。东汉永平年间，五台山上已建有寺庙，后经北魏、北齐、隋、唐直到清末的多次修建，寺庙众多。后几经兴衰，现仅存庙宇47座。

元朝时，西藏僧人来五台山朝礼文殊菩萨，之后，藏传佛教传入五台山，并逐渐形成了"黄教"与"青教"并存的寺院系统。所以，五

五台山古时"以岁积坚冰，夏仍飞雪，曾无炎暑，故曰清凉"。山中气候环境清净清爽，是消夏避暑的好地方，被誉为"清凉圣境"。

台山的寺院分为青庙和黄庙两种：青庙住和尚，黄庙（藏传佛教寺院）住喇嘛。菩萨顶寺是传说中的文殊菩萨居住处，为五台山黄庙之首。

中国第一国宝——佛光寺

佛光寺位于台怀镇佛光山的山麓，因历史悠久，寺内佛教文物珍贵，故有"亚洲佛光"之称。佛光寺创建于北魏时期，隋唐时曾一度兴盛繁旺，声名远及日本。公元845年，唐武宗于禁止佛教，佛光寺殿宇全部被毁。唐宣宗继位后光复佛法，于857年重建佛光寺。现存的六角形祖师塔为北魏所建；山腰的东大殿雄伟壮丽，为唐代所建；前院的文殊殿为金代建筑；天王殿、伽蓝殿、万善堂、窑洞等建筑皆明、清所建。这些杰作在中国乃至世界建筑史上都有重要地位。

佛光寺高居山腰，共有殿堂楼阁120多间。寺殿分布基本为梯田式，共有三层院落，层层升高。

东大殿位于佛光寺内东向山腰，是佛光寺的主殿，气势宏伟，居高临下，可俯瞰全寺。东大殿外表朴素，柱、额、斗拱、门窗、墙壁，全用土红涂刷，未施彩绘。我国著名建筑学家梁思成称此殿"斗

五台山遍布佛寺，佛寺内遍布佛塔。每个穿行于佛塔间的虔诚之人都会有自己的灵境体验。

拱雄大、出檐深远"。大殿内完整地保存着一批唐代塑像，是现存唐塑中极其珍贵的艺术品。殿内还保存不少珍贵的唐代壁画。佛光寺的唐代建筑、唐代泥塑、唐代壁画和唐代题记被并称为佛光寺四绝。东大殿规模宏大，气势壮观，是我国现存唐代木构建筑中的代表作，被梁思成誉为"中国第一国宝"。

在华北地区拔地而起的五台山就像一朵半开的莲花，佛香缭绕向外不断地飘溢。在佛教徒的心目中，五台山是殊胜境地；而在普通世人的心目中，那里干干净净的，是一个有时间就该走一走的地方，哪怕不拜佛，就是去体验一下那份清凉也是好的。

显通寺内建有千钵文殊殿，殿内佛台上供着六尊文殊圣像。

泰山有着深厚的文化内涵，其古建筑
主要为明清风格

山莫大于之　史莫古于之
封禅泰山

庄严神圣的泰山，2000年来一直是帝王朝拜的对象，
一直是中国艺术家和学者的精神源泉，也是古代中国
文明和信仰的象征。

岱庙为历代封建帝王到泰山封禅
时举行大典的场所。

泰山，原名岱山，亦名岱宗。它雄峙山东中部，其南麓
始于泰安城，北麓止于济南市，方圆426平方千米。
主峰玉皇顶，海拔1545米。在我国的古代神话传说中，天
地万物之祖盘古氏死后，头部化作东岳泰山。从而，泰山
成为五岳之首。泰山风景以壮丽著称。重叠的山势，厚重
的形体，苍松巨石的烘托，云烟的变化，使它在雄浑中兼
有明丽，静穆中透着神奇。正如天阶坊上的对联所写的那
样"人间灵应无双境，天下巍峨第一山"，泰山既是"天
然的山岳公园"，又是"东方历史文化的缩影"。

几十亿年的沉浮演变

泰山大约形成于3000万年前的新生代中期。泰山的地层非常古老，主要由混合岩、混合花岗岩及各种片麻岩等世界上最古老的几种岩石构成，时代距今25亿~24亿年，属于地壳发展史上的太古代。鲁西地区（包括泰山在内）曾经是一个巨大的沉降带或海槽。强大的造山运动，即泰山运动，使沉降带上的岩层褶皱隆起为古陆，形成了规模巨大的山系，古泰山露出了海面。峙立于海平面上的古泰山，经过近20亿年的长期风化剥蚀，地势渐趋平缓。到距今6亿年前左右的早古生代，古泰山又沉沦于大海中。大约又经历了1亿多年，整个地区再次抬升为广阔无垠的陆地，古泰山隆起为一个低矮的荒丘。距今约1亿多年前的中生代晚期，由于太平洋板块向亚欧大陆板块挤压和俯冲，泰山在燕山运动的影响下，地层发生了广泛的褶皱和断裂。在频繁而激烈的地壳运动中，泰山山体快速抬升，开始形成其雏形。由于喜马拉雅山运动的影响，泰山不断抬升，至距今约3000万年前的新生代中期，今日泰山的轮廓才得以基本完成。大自然的鬼斧神工，使泰山谷幽壑深，壁立千仞。明太祖朱元璋御制《岱山高》中说："岱山高兮，不知其几千万仞；根盘齐鲁兮，不知其几千百里；影照东海兮，巍然而柱天。"

封禅祭祀

"山莫大于泰山，史亦莫古于泰山。"相传远古时即有72位君主来到泰山巡狩祭祀，自秦以来，先后有12位皇帝前来封禅朝拜。秦始皇登峰遇雨，留下五大夫松的传说；汉武帝八登泰山，惊叹："高矣！极矣！大矣！特矣！壮矣！赫矣！骇矣！惑矣！"

自奴隶制社会至封建社会数千年以来，在中国历史上逐渐形成了一种极其隆重的旷世大典。凡是异姓而起或功高德显的帝王，天神必赐予吉祥的"符瑞"，他便有资格到泰山报告成功，答谢受命于天之恩，这就是历代帝王狂热追求的封禅大典。"封"是在泰山极顶聚土筑圆坛祭天帝，增泰山之高以表功于天；"禅"是在山下小山丘上积土筑方坛祭地神，增

玉皇顶为泰山绝顶，顶上有西汉时期始建的玉皇庙。

大地之厚以报福广恩厚之情。圆台方坛表示天圆地方。一代帝王若登封泰山即视为天下太平、国家兴旺的标志。皇帝本人也就成为名副其实的真龙天子了。所以东汉史学家班固在《白虎通义》中说："王者异姓而起，必升封泰山何？教告之义也。始受命之时，改制应天，天下太平，功成封禅，以告太平也。所以必于泰山何？万物所交代之处也。"如果哪一个皇帝不封禅，就说明他的功绩不大、政权不稳。至于侯王臣下更是把躬逢登礼看作是终生难得的最高荣誉。春秋时鲁国诸侯季氏大夫去祭泰山，孔子知道后就讽刺他说：像这样的人怎能有资格祭泰山呢！汉武帝元封元年（前110）封泰山，太史令司马谈被留到周南（今河南洛阳），不得从行，忧愤而死。临死前，他把儿子司马迁叫到床前哭着说："今天子接千岁之统，封泰山，而余不得从行，是命也夫！命也夫！"

南天门位于十八盘尽头，由下仰视，犹如天上宫阙，是泰山山顶的门户。

美学泰山

数千年来，雄伟壮观的泰山自然景观融入了帝王封禅、宗教神话、书画意境、诗文渲染、工匠艺术以及科学家的探索等等文化因子，构成了以富有美感的典型的自然景观为基础，又渗透着人文景观的地域空间综合体，即独特的泰山风景。风景区面积125平方千米，以主峰为中心，呈放射状分布，形成三重空间一条轴线的景观格局。所谓三重空间，一是以岱庙为中心的人间闹市泰安城，二是城西南蒿里山的"阴曹地府"，三是南天门以上的仙界天府。一条轴线是指连接这三重空间的景观带，主要是泰安城岱庙中轴线北延岱宗坊上至玉皇顶长达6300级（号称7000级）的登道"天阶"。通过沿途三里一旗杆，五里一牌坊，一天门、中天门、南天门，构成一条"步步登天"雄伟壮丽的景观序列。这一序列是根据自然景观，尤其是地形特点和封禅、游览、观赏活动的需要而设计的。泰安

中天门位于黄岘岭脊之上，岭峻、谷幽，景色壮美。

城是因古帝王封禅祭祀、百姓朝山进香和游览观光发展而成的。岱庙是泰安城中轴线上的主体，这条中轴线从泰城南门起，延伸到岱宗坊，然后与登安山盘道相接而通向"天庭"，使山与城不仅在功能上，而且在建筑空间序列上形成一体。序列按登山祭祀活动的程序次第展开，贯穿着一种由"人境"至"仙境"的过渡阶段。

独特的泰山风景体现了中华民族几千年的历史文化，其中也包含了中华民族深刻的美学思想。泰山凌驾于齐鲁丘陵之上，相对高度达1300多米，与周围的平原、丘陵形成高低、大小的强烈对比，在视觉效果上显得格外高大。泰山群峰起伏，南高北低，主峰突兀。从海拔150余米的山麓泰安市区，至中天门海拔847米，南天门1460米，玉皇顶1545米，层层迭起，形成了一种由抑到扬的节奏感和"一览众山小"的高旷气势。此外，历代帝王到泰山祭告天地，儒家释道、传教、授经，文化名士登攀鉴胜，也留下了琳琅满目的碑碣、摩崖、楹联石刻，成为泰山文化史中的一枝奇葩。

泰山具有特殊内蕴，其自然山体之宏大，景观形象之雄伟，赋存精神之崇高，山水文化之灿烂，名山历史之悠久，以至它无论在帝王面前，或平民百姓心目中，都是至高无上的。凡炎黄子孙，无不敬仰泰山精神，"稳如泰山"、"重如泰山"、"有眼不识泰山"的意识深入人心。世界上很难有第二座山像泰山那样，几千年来深入到整个民族亿万人的心中，并以其自然和文化融为一体的独特性立于世界遗产之林。

泰山石刻源远流长，自秦汉以来，上下2000余载，各代皆有珍碣石刻。

峭拔峻秀冠天下　奇险天下第一山
华山如立

华山是中华民族文化的发祥地之一，据晚清著名学者章太炎先生考证，"中华"、"华夏"皆藉华山而得名。

陕

西

华山，古称"西岳"，我国五岳之一。它位于陕西省华阴市境内，秦、晋、豫黄河三角洲的交汇处，南接秦岭，北瞰黄渭，扼大西北进出中原之门户，素有"奇险天下第一山"之称。古代"花""华"通用，正如《水经注》所说：远而望之若花状，故名华山。又因其西约20千米另有少华山，所以也称太华山。

西峰是华山最秀丽险峻的山峰。其西北面，直立如刀削，空绝万丈，人称"舍身崖"

华山来历

关于华山的来历，有一个惊心动魄的神话传说。相传大禹治水，处处得到人和神的帮助。他把黄河引出了龙门，来到潼关时，又被两座山挡住了去路。这两座山南面的叫华山，北面的叫中条山。它们紧紧相连，河水不能通过。这时有位名叫巨灵的大神，挺身出来帮大禹的忙。巨灵神的身躯不知有多么高，力气不知有多

冰雪覆盖下的华山，更是处处惊险，步步惊魂。

南峰是华山最高主峰，也是五岳最高峰，古人尊称它为"华山元首"。

大。只见他走上前去，伸出两只巨手，紧紧抓住南面华山的山顶，顺势用脚使劲去蹬北面中条山的山根，要把两座连在一起的大山硬分开来。他这一鼓劲，中条山倒给蹬开了，黄河也顺利地从他蹬开的缺口流过去了。可是由于用力过猛，好端端的华山却被他掰裂，一高一低，成了两半。高一些的就是现在的华山，又叫太华山，低一些的就是现在的少华山。如今在陕西的华岳峰顶上，巨灵神开山时留下的手印，仍然老远就看得见，手掌和五个手指头的形状，还清清楚楚的。那个大脚印，则留在山西永济县境内中条山脉的首阳山下。华岳峰和首阳山隔河相峙，各在一省，巨灵神之巨大真是难以想象。唐朝天才诗人李白"巨灵咆哮劈两山，洪波喷流射东海"的诗句，讲的正是华山的来历。

花岗岩石山

从地理学角度看，华山是秦岭支脉分水脊北侧的花岗岩石山，系一块完整硕大

的花岗岩体构成，其历史衍化时间约为27亿年。《山海经》载："太华之山，削成而四方，其高五千仞，其广十里。"第三纪初，秦岭北麓断层下降，形成渭河构造盆地，秦岭上升形成山地。白垩纪时，山地花岗岩凸起成"岩柱"，形成华山，东西长约15千米，南北宽约10千米，面积约150平方千米。由于花岗岩纵横节理发育及其岩性特点，使之易受风化侵蚀，加上南北两大断层错动和东西两侧流水下切，造成华山四面如削、断崖千尺、陡峭险峻的山势。华山一向以雄伟险峻闻名天下。人们常这样形容五岳："恒山如行，华山如立，泰山如坐，衡山如飞，嵩山如卧。""华山如立"形象地概括了它的挺拔高峻。对此，唐代诗人张乔也曾有"谁将倚天剑，削出倚天峰。卓绝三峰出，高奇五岳无"的诗句。因华山东南西三面是悬崖峭壁，只有峰顶向北倾斜打开了登华山的道路，所以有"自古华山一条路"的说法。

华山历史悠久，传说甚丰，险峰之处，胜景频频，使人领略其美而回味无穷。

走在华山山道上，常能见到一些花岗岩怪石，多为风化侵蚀而成。

古建筑群·武术文化
玄岳武当

武当山古建筑群瑰丽辉煌，规模宏大，气势雄伟，名闻天下。它们大多是根据真武修仙的神话来设计布局的，荟萃了中国古代最优秀的建筑法式，集皇权至上、神庭天阙的庄严雄伟之大成，又营造出道教崇尚自然的玄虚超然。

武当山又名太和山、玄岳山，位于湖北省西北部丹江口市西南，北通秦岭，南接巴山。明代时，武当山被皇帝敕封为"大岳"、"玄岳"，地位在"五岳"之首。武当山有72峰、36岩、24涧、11洞、3潭、9泉、10池等胜景。主峰天柱峰，海拔1612米，一柱擎天，傲视群峰，被世人赞为"万山来朝"。有人说："天下名山佛占尽"，唯武当山是由道观所主宰，而成为道教第一名山。传说，真武大帝修仙得道后看中此山，便与无量佛斗智斗法得胜而取得了居留权。"武当"之意即为"非真武不足当之"。

古建筑群

武当山的古建筑群在明代期间逐渐形成规模，其中的道教建筑可以追溯到7世纪。这些宫阙庙宇集中体现了中国元、明、清三代世俗和宗教建筑的建筑学和艺术成就，代表了近千年的中国艺术和建筑的最高水平。

武当山被世人尊称为"仙山""道山"。

紫霄宫是武当山道教建筑的主体。这里的空气中弥漫着一种宗教的气息：清澈、寂淡、虚空。

"五里一庵十里宫，丹墙碧瓦望玲珑"。武当山古建筑群规模宏大，超过了五岳。唐贞观年间（627～649）首开官建先河，以后各朝代又不断修建。明永乐年间（1403～1424），明成祖朱棣力倡武当道教，诏令敕修武当宫观，曾役使30余万军民工匠，按照道教中"玄天上帝"真武修炼的故事，用10余年的时间建起了南岩、玉虚、紫霄等8宫及元和、复真等观，共33个大型建筑群落。建筑线自古均州城至天柱峰金顶，绵延70千米，面积160万平方米，宫观、庵堂、寮舍、台院达2万多间。工匠们在设计上充分利用了地形特点，布局巧妙。宫观大都建筑在峰、峦、坡、岩、涧之间，质实精良，各具特点又互相联系。整个建筑群体疏密相宜，集中体现了我国古代建筑艺术的优秀传统。

玉虚宫，全称"玄天玉虚宫"。所谓"玉虚"，道教指玉帝的居处。

金殿　太和宫内建筑，是我国最大的铜铸鎏金大殿，建于明永乐十四年（1416）。殿高5.5米，宽5.8米，进深4.2米。殿内栋梁和藻井都有精细的花纹图案。藻井上悬挂一颗鎏金明珠，人称"避风仙珠"。传说这颗宝珠能镇住山风，使之不能吹进殿门，以保证殿内神灯长明不灭。专家考证，山风不进殿的主要原因是殿壁及殿门的各个铸件非常严密、精确，无一丝隙漏。

南岩石殿　南岩，又名"紫霄岩"，因为朝向南方，所以也叫南岩。南岩的古建筑，在手法上打破了传统的完全对称的布局和模式，使建筑构造与环境风貌达到了高度的和谐统一。工匠们巧借地势，依山傍岩，使个体精致小巧的建筑形成了大起大落、颇具气势的建筑群。此宫建在悬崖上。宫外绝崖上有一雕龙石梁，石梁悬空伸出2.9米，宽约30厘米，上雕盘龙，龙头顶端雕一香炉，号称"龙头香"。

玉虚宫　位于武当山展旗峰北陲，

金殿建在武当山群峰中最为雄奇险峻的天柱峰上，可谓"天上瑶台金阙"。

前列翠屏，后枕华麓，地势殊胜。原为武当山规模最大的宫观建筑群，有建筑2200余间，由于屡经火灾，保存下来的已经不多了。据统计，玉虚宫宫墙内的建筑遗址约8万多平方米，墙外的道院建筑面积为7万多平方米，宫墙周长约1300米。此宫平面布局呈宝塔形，坐南朝北，布局严谨，轴线分明。

紫霄宫　此宫建于明永乐十一年（1413）。紫霄宫周围岗峦天然形成一把宝椅状，故明代永乐皇帝封之为"紫霄福地"。紫霄宫是利用特殊地貌开展建筑的典范，在纵向陡峭、横向宽敞的地形上，构筑轴线建筑。中轴线上分布五级，由下而上依次建龙虎殿、碑亭、十方堂、紫霄大殿、父母殿，逐次升高，两侧设置配房等建筑。同时运用砌筑高大台阶的方法，将紫霄宫分隔为三进院落，构成一组殿堂楼宇鳞次栉比、主次分明的建筑群。远远

■ "亘古无双胜境，天下第一仙山"的武当山，是中国的道教名山。

武当山武术以内家拳种为代表，是中国武术中与少林齐名的重要流派。

望去威严肃穆，极具皇家道场的气派。

道教是发源于中国古代文化的本土宗教，当时中国有多座道教名山，而武当山的宫观为何举世无双呢？其中缘由与明成祖朱棣密切相关。

武当宫观始建于唐代，宋元时又陆续有建置，到了明代，藩王朱棣发动"靖难之役"夺取了侄子的皇位。为了使其行为名正言顺，他便求助于皇权神授，希望得到武当真武大帝的阴佑。朱棣在功成即位后大兴土木，北修故宫，南修武当，后者便是为了酬谢神灵，巩固统治。朱棣还把真武钦定为皇室的主要保护神，这些举动为武当道教的鼎盛拉开了序幕。以后明朝诸帝一直把武当作为专为朝廷祈福禳灾的朝廷家庙，扶持武当道教，加封武当，扩建宫观，使其成为"天下第一山"和全国的道教活动中心。

武术文化

中国武林中，素有"北宗少林，南尊武当"之说。这里的"武当"就是指发源于武当山的武当武术。武当武术重内修，主张后发先至，以柔克刚，以静制动，非厄困而不发，被人称为内家拳。

武当武功，摄养生之精髓，集技击之大成，它不仅有其独特的拳种门派，而且理论上也独树一帜，自成体系。它作为一种文化，蕴含着深刻的中国传统哲理奥妙，把中国古代太极、阴阳、五行、八卦等哲学理论，用于拳理、拳技、练功原则和技击战略中，其本质上是探讨生命活动的规律。据传，武当内家拳的祖师是武当丹士张三丰。他在武当山修炼时曾看到喜鹊和蛇的一场争斗，因而悟通太极妙理，创造了风格独特的武当拳。后经历代宗师不断充实和发展，武当武功派生出众多的门派和种类，内容十分丰富。其中包括太极、形意、八卦等拳术套路；太极枪、太极剑等各种械术；轻功、硬功、绝技及各种强身健体的气功等。武当武功也由此走出深山，以其松沉自然、外柔内刚、行功走架如行云流水连绵不绝的独特风格在武林中独树一帜，成为中华武术的重要流派。

南岩又名独阳岩、紫霄岩，为道教所称真武得道飞升之"圣境"。

茂县羌族——来自云朵上的民族

仙山九顶

"蜀中有仙山，九顶称一绝。"这里"四时积雪，晨光射之，灿若红玉"，群山巍峨，云蒸霞蔚，高山上绿草如茵，野花烂漫，还有那幽深的湖泊，纤尘不染的蓝天……这就是宛若仙境的九顶山。

九顶山又名九鼎山，位于四川茂县县城南面的岷江西岸，属于岷山山脉支脉，其主峰海拔4969.8米。传说，九顶山上黑、白两条恶龙作恶多端，大禹将其降服至黑、白二龙池。为避免二龙再出来为害人间，天庭便派下九位仙女镇压黑、白恶龙，九顶山也因此而得名。

九顶山景区面积约为300多平方千米。山上错落分布着数个大小不一的湖泊。九顶山山顶四季积雪，盛夏不消。景区以奇峰异树、高山湖泊、草甸繁花、茫茫林海、飞瀑流泉、雪山峡谷、珍禽异兽为特点，充满了独特的魅力。

羌族的碉楼大多建在住房旁边，既可御敌，亦可储粮。

自古以来，茂县就是
羌族的聚居地。

茂县羌族·羌碉·羌笛

在浩浩岷江的河畔，生活着一个古老的民族——羌族。他们世代生活在高山之巅，与蓝天白云为伴，所以被称为"来自云朵上的民族"。

有资料记载，炎黄子孙的起源，实际上是来自于上古时期的两个重要民族，一个是古老的华夏族，另一个则是古老的羌族。正如著名社会学家费孝通先生所言："羌族是一个向外输血的民族，许多民族都流有羌族的血液。"

自古以来，茂县就是羌族的聚居地，至今仍是全国著名的羌族主要聚居区，羌族约占羌县总人口的90%，而茂县的羌族人口约占全国羌族总人口的30.5%，成为中国羌族文化的核心区。

羌族人民世代在这块土地上繁衍生息，创造了灿烂辉煌的民族文化。千百年来，羌族已经逐渐遗失了自己的文字，但古老的羌碉、优美的山歌、生动的民间故事、悠扬的羌笛……这些都足以成为我们解读羌文化的钥匙。

羌碉 古老的羌碉是羌文化的象征之一。它们可以保存上千年的历史，是羌民族智慧的结晶。在羌语里，羌碉又称"邓笼"。早在《后汉书》里，就有羌族人"依山居止，垒石为屋，高者至十余丈"的记载。碉楼多建于村寨住房旁，高为10～30米，用以御敌和贮存粮食柴草。

碉楼有四角、六角、八角几种形式，以木料、石片和黄泥土为建筑材料，修建时不绘图、吊线、柱架支撑，全凭高超的技艺与经验。整座建筑稳固牢靠，经久不衰，令人叹服。

羌笛 "羌笛何须怨杨柳，春风不度玉门关。"唐代著名诗人王之涣的千古绝唱《凉州词》不但形象地勾画了玉门关外的荒凉，同时也让羌笛久享盛誉。羌笛是羌族乐器中最著名的乐器。羌笛是一种由两根竹管绑在一起，用丝线缠绕，管头插着竹簧的民间竖吹乐器。牧人常于山间吹奏自娱。古羌笛既是乐器，又是鞭竿，故有"吹鞭"之说。其音色明亮柔和，哀怨婉转，悠扬抒情。

如今，羌笛已成为国内外游客最喜爱的一种民间乐器，它以悠扬、缠绵、缥缈的旋律使人体味到了羌族古老的神韵与不朽的灵魂。

九顶山是祖国锦绣山河中一颗熠熠生辉的绿宝石。走进九顶山，你将领略到远离喧嚣、诗情画意、天人合一的自然境界。

青城山素有"洞天福地"、"人间仙境"、"青城天下幽"之誉。

中国道教的发源地
青城天下幽

老舍先生曾在其散文《住的梦》中，把中国一年四季的居住乐园作了划分，用今天的话说就是"最适宜于人类的居住环境"。这些居住地是：春天在杭州，秋天是北平（今北京），冬天是成都或昆明，而夏天就是青城山。

图为青城山山门。青城山是我国道教的发祥地之一，相传为东汉张道陵讲经传道之所。

蜀中名山青城山是我国道教发源地之一，属道教名山。它位于四川省都江堰市西南，古称"丈人山"，高峰海拔1800多米，北接岷山，连峰起伏，蔚然深秀，与剑门之险、峨眉之秀、夔门之雄齐名。青城山以幽深、恬静取胜，自古就有"青城天下幽"的美誉。青城山是邛崃山脉南段的东支，形成于1亿8000万年前的一次造山运动，山体抬升时，受强烈挤压，岩层破碎，起伏较大，褶皱明显，所以山形构造复杂，奇峰叠嶂、幽谷深潭、古洞苍岩纵横其间。

青城山的得名

青城山的得名有两种说法：一说是青城山有阴阳36峰

呈环状排列，峰锐崖陡，"青翠四合，状如城郭，故名青城"；二说是青城山原名清城山，因古代神话说"清都、紫微，天帝所居"，这里就是神仙居住的地方，故名。唐初佛教发展很快，清城山上发生了佛道间的地盘之争，官司打到了皇帝那里。唐玄宗信道，亲自下诏书判定"观还道家，寺依山外"。道家胜利了。可是诏书把清城山的"清"字写成"青"了，所以清城山只好改称青城山了。这个故事并非传说，山上保存的唐碑诏书全文俱在，足以作证。

老君阁位于青城第一峰绝顶，共六层。下方上圆，寓意天圆地方；层有八角，以示八卦。

道教祖庭

东汉末年，道教创始人张道陵在青城山设坛传教，创立了道教。道教是植根于中国、发源于中国古代文化的民族宗教。道教的思想，主要渊源于老子关于"道"的思想和方士所鼓吹的神仙思想和方术，

此外还吸收了古代的宗教和巫术以及阴阳五行、谶纬神学等等思想。道教认为生活在现实的世界是一件乐事，死亡才是痛苦的，所以道教的教义是乐生、重生的。道教追求的目标是得道成仙，所谓成仙并不是说死后灵魂升入"仙境"，而是指使人的形体长生不死，永远过着超脱自在、不为物累的仙人生活。道教认为通过自身的修炼，遵循一定的方法，可以做到益寿延年，长生不死。修炼的方法有精神修炼和服食丹药之分。所谓精神修炼，就是通过修身养性，除去物质名利的欲念，达到清静无为的境地，即可长生不死。丹药也叫"金丹"，用炉鼎烧炼矿石药物（主要是铅汞）而成，据说服之可令人不老不死。这种丹又叫做外丹，还有内丹，即把人体比作炉鼎，以炼体内的精、气、神，达到长生的目的。这种"冶炼"内丹的办法，实际上就是气功。外丹的主要成分是铅汞，服食者往往中毒致死。南宋以后，外丹衰落下去，逐渐被内丹所代替。

由于道教在青城山2000多年的存在和发展，特别是历代高道的主持和经营，青城山一直作为道家的祖山、俗家心目中的"神山"而得到充分的保护。可以说，今天青城山的古建筑、古遗址、历史传说、饮食习俗，乃至林木花草，都渗透着道教文化的精神。

佛光的霓裳
峨眉山佛影

1600多年前，一位登上峨眉金顶的印度高僧宝掌，面对眼前胜景，不禁发出"震旦第一山"的赞叹。这也许是因为他在高山之巅见到了神秘而美丽的"佛光"，据说佛教界认为那是佛陀眉宇间放出的光芒……

金顶是峨眉山寺庙和景点最集中的地方，为峨眉山的精华所在。

四川

峨眉山

乐山大佛，又称"凌云大佛"，是世界上最大的弥勒佛像。

峨眉山像一道巨大的翠屏，耸立在成都平原西南，遥望弯曲柔美的山体轮廓，犹如少女的面容和修眉，于是人们很早便称它为"峨眉"。纵横200余千米的峨眉山是中国最高的旅游名山，以金顶为代表的几座峰峦高立云端，最高的万佛顶海拔3099米。峨眉雄、秀、险、奇、幽，其前山千岩万壑，苍翠欲滴，飞瀑流泉，逶迤多姿；后山巍峨挺拔，峭壁千仞，云翻浪滚，雄险惊心。

佛教圣地·乐山大佛

峨眉山也是一座佛教名山，相传是释迦牟尼身旁的普贤大菩萨显灵说法的道场。它与山西五台山、浙江普陀山、安徽九华山并称为中国佛教的"四大菩萨道场"。历经晋、唐、宋的续建和明、清两代发展，先后兴建佛寺200多处，僧众达数千人。由于历史变迁，现在峨眉山景区内尚存十余处古寺名胜，如报国寺、万年寺、仙峰寺、洗象池、金顶等。

乐山大佛位于峨眉山以东，岷江、大渡河、青衣江三江汇流处，是峨眉山区的一处重要名胜。佛像通高71米，头高14.7米、直径10米，仅一只佛足就宽5.5米、长11米，上面可围坐百人以上。"山是一尊佛，佛是一座山"，正是人们对这座大佛的真实描绘。

佛光之谜

佛光即峨眉宝光，又称"金顶祥光"。在特定的气候条件下，旭日东升或夕阳西下时，人们在金顶附近可以看到在太阳相对方的云雾上有着七彩相间的巨大光环，更神奇的是连观者自己的身影也会映照在奇异的光环之中，人动影也动，人走影也走，绚丽而神奇。

佛家认为，佛光是从普贤菩萨的眉宇间

万年寺是峨眉山最古老的寺庙之一，始建于东晋隆安三年（399），寺内供奉着普贤菩萨铜像。

放射出的救世之光、吉祥之光，只有与佛有缘的人，才能看到佛光。传说在1600多年前，敦煌莫高窟建窟前就曾出现过"金光"和"千佛"的奇异景象。实际上，佛光是一种特殊的自然现象，是阳光照在云雾表面发生了衍射和漫反射作用形成的。夏天和初冬的午后，舍身崖下的云层中骤然幻化出一个红、橙、黄、绿、青、蓝、紫的七色光环。观者背向偏西的阳光，有时会发现光环中出现自己的身影，举手投足，影皆随形。更神奇的是，即使成千上百人同时同址观看，观者也只能看见自己的影子，不见旁人。

佛光的出现需要阳光、地形和云海等众多自然因素的结合，只有在极少数具备了以上条件的地方才可欣赏到，而金顶的舍身崖便是一个得天独厚的观赏场所。19世纪初，因为峨眉山的气象条件最容易产生佛光，科学界便把这种难得的自然现象命名为"峨眉宝光"。据载，峨眉山佛光每月均有出现，夏天及初冬出现的次数最多，最多时全年可达100次左右。

峨眉山以其佛教文化和独到迷人的风光，吸引着四方游客，把人们带入那雄秀幻绝的奇妙境界。

报国寺是峨眉山进山的门户，门上匾额为康熙皇帝御笔手书。

万丈祝融拔地起　欲见不见轻烟里

衡山独秀

清人魏源《衡岳吟》中说："恒山如行，泰山如坐；华山如立，嵩山如卧，惟有南岳独如飞。"衡山以自然美景和佛、道两教之人文景观著称，有四绝："祝融峰之高，方广寺之深，藏经殿之秀，水帘洞之奇。"

湖　南

衡山又名南岳，是我国五岳之一，位于湖南省衡山县。衡山山势雄伟，绵延数百千米，有72峰，南起衡阳回雁峰，北止长沙岳麓山，巍峨七十二峰逶迤盘桓八百里。其中，祝融、天柱、芙蓉、紫盖、石廪五座峰最为有名。山体由巨大的花岗岩构成，巍峨峻峭，形状怪异。由于气候条件较好于其他四岳，衡山处处茂林修竹，奇花异草，终年苍翠，四时放香，景色十分秀美，因而有"南岳独秀"的美称。

祝融峰挺拔突起，附近寺庙林立。

南岳庙是我国南方最大的宫殿式古建筑群，其正殿又称为圣帝殿。

登衡山必登祝融

祝融峰海拔1298米，是衡山72峰中最高的一座，也是湘中盆地最高峰。古人说："不登祝融，不足以知其高。"唐代文学家韩愈诗云："祝融万丈拔地起，欲见不见轻烟里。"这两句诗既写了祝融峰的高峻、雄伟，又写了衡山烟云的美

在烟云的烘托和群峰的叠衬下，衡山雄姿英发。

妙。传说祝融峰是祝融游息之地。祝融是神话传说中的火神，自燧人氏发明取火以后，即由祝融保存火种。祝融峰绝顶处建有祝融殿，原称老圣殿，其前身是圣帝殿，始建于唐代。祝融殿香火极旺盛，三湘四水皆有信徒来此上香。

水帘洞瀑布

水帘洞位于衡山紫盖峰下，又称洗心泉、洞真源，传说是道教朱陵大帝的居所。水帘洞瀑布尤为著名。沿溪岸行走，过石桥，可见山涧中乱石密布，流水盘其中。溪中有"冲退醉石"石刻。爬上丘坡，在轰轰作响的水声里，可见倾天而降之瀑，白练如匹，层层叠叠，绵延不绝，蔚为壮观。瀑布落下至一石池，池中水满，重又倾泻，这一泻便成落差高达50余米的第二叠瀑布，水足便成澎湃激流，水少则滴珠溅玉，丝丝缕缕，仿若珠帘，成天然仙景。水帘洞之壑谷石壁，存有50余处古代石刻，多为唐宋以来至此赏瀑的名人所作。

南岳著名古刹

东汉年间道教渗入衡山开坛，梁天监元年（502）佛教进入南岳发展，南岳衡山逐渐成了"十大丛林、八大茅庵"之地。环山数百里，有寺、庙、庵、观等200多处。位于南岳古镇的南岳大庙占地9800多平方米，庙内东侧有8个道观，西侧有8个佛寺，以示南岳佛、道平等并存。福严寺位于南岳镇白龙村东北掷钵峰下，其规模很大，被称为"南山第一古刹"。寺内有藏经殿，因明太祖朱元璋赐《大藏经》一部，故名。方广寺处于南岳峰岭间，古树苍苍，流水潺潺，幽雅深邃，因而有"方广寺之深"的说法。

南岳历史悠久，自古以来就是人杰荟萃的胜地。唐宋以来，一干鸿儒巨学、文人骚客陆续来访，在此讲学论经，吟诗作赋，进行了上百次学术交流，是以形成了南岳"文明奥区"之盛名。

衡山自然景色十分秀丽，故有"南岳独秀"的美称。

奇茗冠天下
柔美武夷

武夷有山，那山是很女性的，很多的孤峰只能远观，感受她的清秀，而不能攀爬。所以，武夷全部的美浓缩在一条九曲溪上。武夷有茗，堪称极品，"大红袍"尤为茶道中人梦寐以求的圣饮……

武夷书院是朱熹亲自营建的一所书院。

武夷山脉，横亘千里，宛如一条绿色的长龙蜿蜒逶迤于闽、浙、赣、粤四省。武夷山是由红色砂砾岩组成的低山丘陵，属于典型的丹霞地貌。千百万年以来，因地壳运动，其地貌不断发生变化，形成了秀拔奇伟、独具特色的"三三"、"六六"、"九九"之胜。三三得九，指的是碧绿清透盘绕山中的九曲溪；六六三十六，指的是夹岸森列的36座奇峰；还有99座翘首东望、矗立山中的山岩。碧水丹山，一曲一个景，曲曲景相异，构成了奇幻百出的武夷山水之胜。

古越与朱理

"东周出孔丘，南宋有朱熹。中国古文化，泰山与武夷。"武夷山不仅以山水取胜，还是一座历史文化名山。远在夏商时代，古越族人就在武夷山繁衍生息了。这里的

武夷山青山碧水，且富有浓郁的文化气息，给人以浑然天成的和谐美感。

武夷山玉女峰亭亭玉立于二曲溪南，突兀挺拔数十丈，峰顶花卉参簇，岩壁秀润光洁，宛如一位秀美绝伦的少女。

悬崖绝壁上，留有距今约4000年的"架壑船棺"、"虹桥板"等古遗存。汉代，武夷山被册封为天下的名山大川，并成为历代名士和禅家的盘桓之地。西汉时期，闽越王在武夷山建造王城，使武夷山成为江南一带的政治经济文化中心。现已挖掘出土的"武夷山城村古汉城遗址"是江南一带保存最完整的汉代古城，也是南北文化交融的历史见证。南宋时期，武夷山成为朱子理学的摇篮。理学巨儒朱熹来此结庐讲学长达40多年，开创一代理学之先河，撑起了中国古文化的半壁江山！

武夷岩茶

　　武夷岩茶与武夷风光一样享誉天下。武夷岩茶是武夷山生产的乌龙茶类的总称。它既有红茶的甘醇，又有绿茶的清香，是恬、甘、清、香齐备的茶中珍品。自古以来，武夷山即为中国重要的茶文化源头之一。武夷岩茶遍植于岩壑畔，区内

气候温和，冬暖夏凉。岩壑间到处是幽涧流泉，山间常年云雾弥漫，年平均相对湿度约80%。四周皆有山峦为屏障，日照较短，适合茶叶生长。茶园土壤绝大部分为风化的火山砾岩、红砂岩及页岩，富含矿物质及腐殖质，是武夷岩茶品质优异的首要条件。武夷岩茶中最负盛名的是大红袍、铁罗汉、白鸡冠和水金龟。品赏武夷岩茶是一种极富诗意的赏心乐事，自古以来即得文人学士之宠，其风流传至今。

九曲溪是武夷山的灵魂。盈盈一水，折为九曲，秀媚柔美。

民族地理景观

特色哀牢山

这里峰峦重叠，云蒸霞蔚，气象万千；这里有茂密的
原始森林，高山草甸，蓝天白云，充溢着诗情画意；
这里为世界同纬度生物多样化、同类型植物群落保留
最完整的地区……这就是美丽的哀牢山。

哈尼村寨坐落在半山向阳坡上，村后
是茂密的森林，村寨下是万道梯田。

哈尼族是云南独有的民族之
一，源于古代的羌人族群。

巍峨磅礴的哀牢山，斜贯云南中部，长约400千米，为
断块山，平均海拔1600米，哀牢同名主峰海拔3166
米。哀牢山是云岭南延支脉，第四纪喜马拉雅造山运动期
间，由于地面大规模抬升，河流急剧下切，而形成了今天
深度切割的山地地貌。

　　哀牢山是云南高原与横断山脉的分界，也是西南季风
与东南季风的分界，中亚热带与南亚热带的过渡地带。特
殊的地理位置构成了复杂的地理景观。哀牢山养育了众多
民族，各民族也创造了优秀的本土文化。

花街节这天，未婚的姑娘们纷纷穿着节日的盛装来到街上展示自己的服饰。

他们择水而居，每个村寨都坐落在碧波粼粼的河流旁。这里的傣族姑娘皆身穿色彩艳丽、造型独特的服饰，服饰由自织自染的青布和色彩缤纷的缨穗、银铃、银泡、银手镯等组成，纤巧、别致，显示了花腰傣高超的编织技艺和审美水平。

花腰傣的婚俗非常特别。每年的农历正月十三至十五，是花腰傣的花街节。这三天，姑娘们会穿上艳丽的花腰服装，戴上贵重的首饰，背上秧箩饭，由寨中最有名望的女人领着走上街头。这时，早已在那儿翘首等待的小伙子们就会围上来，挑选自己心仪的姑娘。若双方中意，小伙子便会和姑娘一起到树林里找一个静谧之处，互诉衷情，一起吃秧箩里的"情人饭"。因其浪漫，花街节又被称为"东方的情人节"。

半山哈尼人家

哀牢山区平地极少，从最高海拔3074.5米的西隆山到海拔76.4米的南溪河口，多为如刀削般的山地，根本就不适合人类居住。

2500年前，哈尼族的祖先从西藏高原来到了哀牢山区。他们操起近乎原始的短柄锄头，开始以愚公移山的精神开垦梯田，种上了稻谷，并用石块围住开垦的梯田，引来山泉灌溉。哈尼人花费了十多个世纪，共计开垦了70余万亩梯田，这是他们最傲人的成就。梯田不但是哈尼人赖以生存的重要资源，同时也起着保持坡地水土的重要作用，有利于耕作，提高作物产量。

到了明朝，这种把崎岖山地开垦成良田的技术已经传遍了中国和东南亚地区，哈尼人把哀牢山这一带的山区变成了一幅幅杰出的"画作"。

河谷傣族

花腰傣是我国傣族中一个特殊的群体，相传为古滇国王族的后裔，因其雍容华贵、腰部异乎寻常的服饰而得名。花腰傣居住在哀牢山的元江河谷中上游地区，

傣族竹楼分两层，楼上住人，楼下饲养牲畜，堆放杂物。

第三章
江河篇

Part 3
Great Rivers

在地球表面的总水量中，河流水量的比重很小，但却是促进自然界组织代谢的重要动力，同时，古代文明的发源地也是与河流紧密联系。文明始自河流，这是亘古不变的。世界上奔流着数不清的大江大河，几千年流淌奔涌，几万年生生不息。世界第一大河尼罗河不仅拥有客观的水利资源，更孕育了历史悠久的古埃及文化。亚马孙河则以蓊郁的热带雨林及其种类繁多的动植物记录着原始而和谐的生态环境。此外，我国的长江在世界江河史中也占有一席之地，并滋润着广袤的中华大地。让我们一起来领略江河的滔滔不绝……

西欧的交通动脉
莱茵河

莱茵河发源于险峻的阿尔卑斯山间的莹洁雪峰。在很早居住在沿岸的克里特人的语言里，莱茵河是"清澈明亮的河"的意思。汹涌的河水在大地上奔流，勾画出了一大段的德法边境，像一条晶莹的珠链，串起沿岸无数美丽的市镇，开辟了一条通衢的黄金水道，最后浩浩汤汤奔入了荷兰的缤纷平原，在繁华的鹿特丹投入了北海的怀抱，因此莱茵河又有"西欧的交通动脉"之称。

科隆大教堂位于德国科隆城中的莱茵河畔，始建于1248年，是德国最大的教堂，也是世界上最高和建筑时间最长的教堂。

莱茵河沿岸有许多修建于中世纪的古堡，现在，它们已经成为了主要的游览胜地，吸引着世界各地的游客来此观光旅游。

莱茵河是目前世界上内河航运最发达的国际河流之一。这不仅是因为它流经西欧最重要的工商业地区，主要是由于河流流域内降水丰沛，水量充足。莱茵河上游在阿尔卑斯山区，夏季高山冰雪大量融化，所以在这个时期水位最高；中游汇集支流最多，右岸来自黑林山区的美茵河、内卡河，在春季融雪时水量最大；下游一年四季降水均匀，冬季略高于夏季。这样，莱茵河水量在各个季节都有充足的水源补充，以使全年水量丰盛，水位变化不大，为航运提供了极为便利的条件。另外，莱茵河通航里程也很长，达到其全长的66%。现在，莱茵河已经通过多条运河与多瑙河、塞纳河、罗纳河等河流相通，共同组织成四通八达的水上航运网，形成了整个西欧地区的交通大动脉。

荷兰是著名的风车之国，人们利用风车抽水、榨油、灌溉，如今，虽然风车几乎不再使用，但却依然被保留着，成为莱茵河畔独特的风景。

莱茵河三角洲

　　莱茵河在进入荷兰境内后，与马斯河、斯凯尔河共同形成了广阔的三角洲。这里属于温带海洋性气候区，降水丰沛，水文状况稳定，季节分配比较均匀，因此，对莱茵河水量的补给也较为均匀，为当地的航运提供了有利的条件。莱茵河三角洲集中了荷兰近一半的人口，95%的钢铁生产能力和90%的炼油能力使这里形成世界著名的大城市群——兰斯埃德。在三角洲地区，碧草如茵的大地上花田连绵、奶牛成群、风车林立、运河纵横，洋溢着田园牧歌式的异国风情。

　　三角洲地区是欧洲海运最繁忙的地区，莱茵河又是欧洲最有名的黄金水道，这里有世界第一大港口鹿特丹，它被称为"莱茵河上的明珠"或"欧洲的门户"。莱茵河的航道就像公路一样，每隔一定距离就有一块里程碑，上面标注着公里数。每天船只来来往往，就像大街上的车水马龙。以鹿特丹为中心方圆250千米的区域内，聚居着将近2亿的人口，西欧最发达的德国鲁尔工业区、比利时沙城工业区、法国洛林工业区和瑞士、卢森堡的工业区都在这个范围之内。因此，莱茵河三角洲是名副其实的"黄金三角洲"。

唯美莱茵河

　　莱茵河中游峡谷是莱茵河景色最佳的一段：水道里艘艘优游轻盈的游船，河岸上如繁星散落的幽静古雅小城，山峦间挺拔神秘的众多石堡遗迹，构成了一幅流动中的中世纪与后现代融合的绝美图画；尼伯龙根骑士的风流，罗勒莱歌妖的幽怨，历代文人骚客的歌咏称颂，赋予这驰名天下的胜景以永恒的魅力。

伏尔加河

俄罗斯民族的母亲河

嘿哟嗬，嘿哟嗬，齐心合力把纤拉，拉完一把又一把。穿过茂密的白桦林，踏着世界的不平路。我们沿着伏尔加河，对着太阳唱起歌。伏尔加，母亲河，河水滔滔深又阔。嘿哟嗬，嘿哟嗬，齐心合力把纤拉……

——《伏尔加船夫曲》

伏尔加河是世界上最长的内陆河，它发源于东欧平原西部的瓦尔代丘陵中的湖沼间，全长3690千米，最后注入里海，流域面积达138万平方千米，占东欧平原总面积的三分之一，是欧洲第一长河。伏尔加河流域是俄罗斯最富庶的地方之一，千百年来，伏尔加河水滋润着沿岸数百万公顷肥沃的土地，养育着数千万俄罗斯各族儿女。伏尔加河的中北部是俄罗斯民族和文化的发祥地。那深沉、浑厚的《伏尔加船夫曲》至今仍在人们脑海中萦绕，马雅科夫斯基、普希金等许多诗人都用优美的诗句来赞美伏尔加河，称它为"俄罗斯的母亲河"。

伏尔加河汇集了奥卡河和卡马河，从伏尔加丘陵与图尔盖高原穿过，形成一道长达160千米的大弯道，灌溉着沿岸的城镇。

五海通航的内流河

伏尔加河蕴藏着丰富的水力资源，

当地人民为改造利用伏尔加河，修建了许多大型的水利枢纽。为了改善通航条件，他们在伏尔加河上兴建了一道巨大的水闸，把水位提高了17米，构成了一个人工的"莫斯科海"；在莫斯科和伏尔加河上游中间，开凿出莫斯科运河；在上游地区，又通过白海—波罗的海运河等把许多湖泊串联起来，使伏尔加河与白海、波罗的海相通；下游开凿了伏尔加—顿河运河，沟通了伏尔加河、里海与黑海的联系。这样，原为内流河的伏尔加河一举变成"五海通航"的外流河，与莫斯科运河和伏尔加河相连的内

伏尔加河通过莫斯科运河与莫斯科河相连，著名的伊凡大帝钟楼就位于莫斯科河畔。

伏尔加河上的纤夫

列宾（1844~1930年），是俄国19世纪后期批判现实主义绘画的主要代表之一，《伏尔加河上的纤夫》是他的成名之作。画中画了十一个饱经风霜的劳动者，他们在炎热的河畔沙滩上艰难地拉着纤绳。纤夫们有着不同的经历和个性，他们生活在社会的最底层，但这是一支在苦难中磨炼而成的坚韧不拔、互相依存的队伍。

陆城市莫斯科也一举变为"五海通航"的港口城市。其主航线可通航5000吨级货轮和2万～3万吨级的船队。

油画《伏尔加河上的纤夫》画于1873年，是世界油画史上的不朽作品之一，现藏于俄罗斯博物馆。

伦敦的腰带
泰晤士河

泰晤士河发源于英格兰的科茨沃尔德山，沿途汇集了许多溪流，最后经诺尔岛注入北海，全长340千米，是英国境内最长的河流。泰晤士河从伦敦中心穿过，将伦敦一分为二，因此人们形象地称它为"伦敦的腰带"。

威斯敏斯特大教堂坐落在泰晤士河畔，是英国的国教礼拜堂。

伦敦塔位于泰晤士河的北岸，兴建于1078年，是一座城堡式建筑，英国的历代国王都曾经在此居住。

比起地球上的一些大江大河，泰晤士河并不算长，但它流经之处，都是英国文化精华所在，可以这么说，是泰晤士河哺育了灿烂的英格兰文明。在英国历史上泰晤士河流域占有举足轻重的地位。英国的政治家约翰·伯恩斯曾说："泰晤士河是世界上最优美的河流，因为它是一部流动的历史。" 泰晤士河的入海口隔北海与欧洲大陆的莱茵河口遥遥相对，向欧洲最富饶的地区打开了一条直接航运的通道。

泰晤士河畔有许多英国著名的建筑，除了典型的中世纪的古堡、教堂外，还有一些现代化的建筑，如议会大厦等。

泰晤士河蜿蜒流经伦敦的腹地，把伦敦分为南北两部分，伦敦就是因为这条河生长起来的。这座城市的历史在两岸演绎，有如慢船漂过，使那些典型的风景，宛如书画长卷般徐徐展开。公元43年，罗马入侵者在当时潮水所能到达的最远点建立了一个港口，即后来的伦敦。据载，泰晤士河上曾有28座大桥，它的北岸可谓处处胜景，步步莲花，有威斯敏斯特大教堂、议会大厦、圣保罗大教堂、伦敦塔……而它的南岸，却没有那些金碧辉煌、瘦削挺拔的哥特式建筑群，也没有优雅的林荫大道，还曾一度落后荒凉，到处是工业时代的遗迹。

野性的泰晤士河

尽管泰晤士河平时水波不兴，但它也有野性的时候。泰晤士河的入海处，最宽处达20多千米。每逢海潮上涨，潮水便会顺着漏斗形的河口咆哮而进，犹如万马奔腾，上溯到伦敦甚至更远的地方。倘若遭逢风暴，强大的低气压突然南下，那么，汹涌的海潮便会使位于泰晤士河下游的伦敦变为泽国。历史上，伦敦曾几次被巨大的海潮所淹没。为了杜绝这种情况再度发生，20世纪70年代，人们在伦敦桥下游13千米处，建起了设计构思巧妙的"旋起式扇形拦潮闸"。拦潮闸由九座五十米高的桥墩和十座闸门组成，整齐地排列于河口，闸门的横截面呈扇形，平日，它弧面朝天地伏在河床中；当海潮到来时，连接闸门的轮盘转动九十度后，巨大的闸门立起，如同一道钢墙，拦腰斩断了泰晤士河，把澎湃狂澜关在闸门之外，景象极为壮观。它是迄今为止世界上最大的移动式拦潮闸，也是英国近代最大规模的建设之一。

滑铁卢桥

泰晤士河上最出名的桥就是滑铁卢桥了。电影《魂断蓝桥》里的"蓝桥"指的就是滑铁卢桥。滑铁卢桥始建于1817年，是一座九孔石桥。当它建成通车时，正值英国的威灵顿公爵在滑铁卢战役中大胜拿破仑的两周年纪念日，该桥便由此得名。

横跨在塞纳河上的亚历山大三世桥，长107米，南北桥头竖立着4座桥塔，塔顶青铜飞马，展翅欲飞，是塞纳河的胜景之一。

巴黎的灵魂
塞纳河

幸运的塞纳河呵　从来无忧无虑
日日夜夜　平静地流淌
它涌出源泉　沿着河岸漫步
穿着绿色的美裙　拥着金色的阳光
冷峻矗立的巴黎圣母院呵
也对它嫉妒不已　经过神秘地带
那神秘的巴黎　它流向阿佛尔
终于消逝于大海
——《塞纳河之歌》

巴黎圣母院位于塞纳河中的西岱岛上，建于1145年~1163年，占地5500平方米，是世界著名的天主教堂。

塞纳河位于法国东北部，它穿过法国的心脏——首都巴黎，注入英吉利海峡。塞纳河全长776千米，是法国四大河中最短的一条，然而，它的名气却是最大的。塞纳河的上游地处朗格尔高地地区起伏不平的丘陵，丘陵一般都不高，海拔100～400米，水流平缓，因此有"安详的姑娘"之称。上游的岩层结构是白垩与黏土相间，白垩层深浅不一，一般在地下50米左右。塞纳河在巴黎的诞生及发展中扮演着重要的角色，它与巴黎紧紧相连，犹如心脏与动脉连接得那样和谐，浑然一体。它就像巴黎的一条腰缠玉带，将巴黎轻轻地抱在怀里。

卢浮宫位于塞纳河的右岸，始建于13世纪，原为法国王室的城堡。1793年，卢浮宫艺术馆正式对外开放，现在卢浮宫的藏品多达40万件，号称"万宝之宫"。

美丽的塞纳河

桥和塞纳河密不可分，它们是塞纳河上的一颗颗珍珠。巴黎的历史就融进了塞纳河中，刻在一座座桥上。外表金碧辉煌的亚历山大三世桥最吸引游人。它于1900年落成，为单拱桥，是当时法俄友谊的象征，所以用它的奠基人沙皇尼古拉二世的父亲亚历山大三世的名字命名。

卢浮宫是塞纳河畔的另一个杰作，她像一位典雅的少妇，以蒙娜丽莎式的微笑注视着众多的艳羡者；又像是一位智慧女神，给文明的创造者以激情和灵感；更像是一所胸怀博雅的学校，从黎明到黄昏，默默地迎送着万千学子。

巴黎圣母院建筑在塞纳河的发祥地西岱岛上，整座建筑结构严谨，气势恢弘。而对我们大多数中国人来说，巴黎圣母院首先是一本书，一部电影，它来自雨果、来自吉卜赛姑娘埃丝米拉达、来自敲钟人卡西莫多。

巴黎圣母院的正门共分三层，最底层并排着三个桃花瓣形的门洞，左边的为"圣母门"，右边的为"圣安娜门"。

欧洲大陆上的蓝色飘带

多瑙河

多瑙河发源于德国西南部黑林山的东坡，自东向西
流经奥地利、捷克、匈牙利等12个国家和地区，在罗马
尼亚的利纳附近注入黑海，是世界上干流流经国家最多
的河流，就像一条蓝色的飘带蜿蜒在欧洲大陆上。

坐落在多瑙河之滨的布达佩斯国会大厦是一座
宏伟壮观的新哥特式建筑，但其中又融合了典
型的匈牙利民族风格。

多瑙河在图尔恰城附近分成基利亚河、苏利纳河、格奥尔基也夫河三条支流，巨大的水流携带大量的泥沙把这里冲积成面积约为4300平方千米的扇形三角洲。多瑙河三角洲是个富饶的地方，这里2/3的地区生长着茂密的芦苇，年产量达300多万吨，占世界总产量的1/3，被人们亲切地称为"沙沙作响的黄金"。多瑙河三角洲还是"鸟的天堂"，是欧、亚、非三大洲候鸟的汇合地，也是欧洲飞禽和水鸟最多的地方，平时的鸟类达到300种以上。另外，三角洲上还有一个奇特的地理现象——浮岛，岛上生活着名目繁多的植物、鱼类、鸟类和哺乳动物，所以科学家们又称这里为"欧洲最大的地质、生物实验室"。

布达佩斯位于匈牙利中北部，在这里，多瑙河将布达佩斯分为东西两部分：西岸是起伏的丘陵，称为"布达"；东岸是广阔的平原，称为"佩斯"。

多瑙河畔的明珠

多瑙河从源头到奥地利的维也纳一段为上游，蓝色的多瑙河水缓缓流过奥地利首都维也纳，这座具有悠久历史的城市山清水秀、风景绮丽，优美的维也纳森林伸展到市区的西郊。每当旅游盛季的6月，这里都要举行丰富多彩的音乐节，因此维也纳素有"音乐之都"的美称。从维也纳到铁门峡为中游，多瑙河在这里流淌出广阔的多瑙河平原，是匈牙利和原南斯拉夫两国重要的农业区，素有"谷仓"之称。而位于这里的匈牙利首都布达佩斯被称为"多瑙河畔的明珠"，人们都说多瑙河是匈牙利的灵魂，而布达佩斯则是匈牙利的骄傲。铁门峡以下至入海口为下游，是多瑙河流域最富饶的地方之一。

在奥地利北部城市萨尔茨堡多瑙河的支流萨尔察赫河从古城中央缓缓流过，将城市分为两部分。

永恒生命的象征
恒河

恒河发源于喜马拉雅山南坡，流经印度的北部和中部地区，最后注入孟加拉湾。恒河全长只有2700千米，但在印度教徒的心中，它却是一条"圣河"，他们认为，只要经过恒河水的洗浴，人的灵魂就能重生，所以，对他们来说，恒河就是永恒生命的象征。

恒河中游的瓦拉纳西被称为"圣城"，是印度教教会的中心，城中还有不少伊斯兰教清真寺和其他宗教的寺庙，集中反映了印度不同宗教文化的特色，又被誉为"印度之光"。

恒河是南亚第一大河，主源在喜马拉雅山脉南坡加姆尔的甘戈特里冰川。其上源为两条西南流向的河流——阿勒格嫩达河和帕吉勒提河。两河流经印度，在代沃布勒亚格附近汇合后始称恒

恒河的流程和流域面积在世界长河中都算是"小字辈"，但它却是印度教徒心目中的圣河。

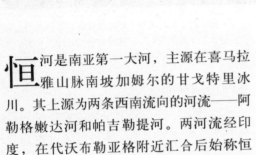

河。然后，河水继续奔腾下泻，穿过西瓦利克山脉，在古城赫尔德瓦尔附近流入平原，此后转向东南，至安拉阿巴德与亚穆纳河汇合后转向东流，进入中游河段。恒河河道弯曲蜿蜒，沿途接纳了哥格拉河、干达克河、古格里河等支流，于巴加尔普尔进入孟加拉国境内，并分成数条支流，在瓜伦多卡德附近与南亚另一大河布拉马普特拉河汇合。两河巨大的流量冲积出世界上最大的三角洲——恒河三角洲。

恒河沐浴

印度人对恒河有着极为深厚的感情，他们视恒河为母亲河，把恒河的水当成圣水。在印度的神话里，恒河是印度女神"湿婆"的化身，她为了洗清世间的罪恶，化为大水来到人间，净化了罪恶的灵魂，又灌溉了两岸的农田，让人们得以安居乐业。从此，恒河水便成为印度教徒心目中洗涤罪恶的圣水。每天清晨，都有成千上万的印度教徒来到恒河边沐浴，以求用圣水冲刷掉身上的污秽或罪孽，达到永生。

恒河沐浴是恒河的一大奇景，吸引着许多游客。而对印度教徒来说，能用恒河水沐浴则是他们一生最高的理想。

印第安人眼里的"众水之父"

密西西比河

贯穿美国南北的密西西比河是北美洲最长的河流，"密西西比"是印第安语，意思是"众水之父"。汹涌的密西西比河以它广阔的胸怀滋润着美国41%的土地，对于"众水之父"这个称号真是当之无愧。

密西西比河发源于美国北部伊塔斯卡湖的沼泽地带，曲折南流，一路上接纳了许多支流，最后经新奥尔良市注入墨西哥湾。相对于美国这个年轻的国家来说，密西西比河算得上是一位年迈苍苍的长者了，所以，美国人民也称它为"老人河"。这里沃野辽阔、草原碧绿，野牛、羚羊自由自在地在一望无际的大平原上奔跑……印第安人曾是这片富饶土地上唯一的主人。16世纪以来，欧洲人越过大西洋进入美洲大陆，发现了这片美丽的土地。他们蜂拥而至，为了建立田园，他们砍伐掉了连绵的森林，烧掉了大片的草原，并从非洲贩运来大批的黑人做奴隶。著名

密西西比河流经美国31个州，两岸土地肥沃、资源丰富，是美国的生命之河。

发达的航运

密西西比河的航运十分发达，从密西西比河的圣罗易斯城北经伊利诺斯河接通五大湖，再经圣劳伦斯河抵达大西洋，南出河口通往墨西哥湾，向东又可以到达佛罗里达半岛以及大西洋沿岸的运河。发达的水上交通网为这里的经济带来了崭新的气象。

的黑人民歌《老人河》就是这种奴隶生活的真实写照。正是由于奴隶的辛勤劳作，密西西比河流域才成为经济繁荣发达的地区。密西西比河这条难以驾驭的河流流经北美大陆一些最肥沃的农田，现已完全由人类控制得当。

密西西比河的支流

人们把密西西比河称为"众水之父"还有一个原因，那就是它拥有众多的支流，其流域自落基山脉延伸至阿巴拉契亚山脉，几乎涵盖了整个美国地区。密西西比河的支流主要分布于主河道的东西两侧。其西侧的支流大多发源于落基山脉，主要有密苏里河、阿肯色河、雷德河等；东侧支流则大多发源于阿巴拉契亚山地，主要有俄亥俄河、田纳西河、康伯河等。在西侧所有的支流里，密苏里河是河源最远、流程最长的一条，它发源于美国西部黄石公园一带的高山雪场，全长4386千米，流域面积137万平方千米，密苏里河是美国的多沙河流，因此又称为大泥河。而东岸的支流则以俄亥俄河为重要，它发源于阿巴拉契亚山脉西坡，全长1580千

米尔克河绕经加拿大南部，携带着大量的白色沉积物，在蒙大拿州与密西西比河汇合。

米，流域面积53万平方千米，区域内降水丰富，因此流量很大，是密西西比河所有支流中水量最大的一条。密西西比河及其众多的支流，共同形成了一个广阔富饶且古老的水系。

密西西比河上游有许多发育完全的大沼泽地，其中明尼苏达沼泽位于明尼苏达州的湿地水陆间，密西西比河在这里开始汇集上游的支流，成为名副其实的"众水之父"。

世界河流之王
亚马孙河

在南美洲安第斯山脉中段科罗普纳山的东侧，有一股涓涓的小溪，顺着山脉向北流去，在秘鲁的伊基托斯市转而向东，一路上汇集了成千上万条支流，形成一条不可阻挡的巨大洪流，日夜不息地奔向大西洋，它就是号称"河流之王"的世界第一大河——亚马孙河。

松鼠猴是亚马孙流域的一个特殊成员，因为貌似松鼠而得名，但它实际上是猴类的一种。

亚马孙河流域的亚马孙热带雨林是世界上现存面积最大的热带雨林，被称为"地球之肺"。

亚马孙河流域地处赤道附近，气候潮湿、雨量充沛，很适合各种热带植物的生长。在亚马孙州府玛瑙斯向北的地方，有一片被誉为"世界之肺"的热带雨林，面积达373万平方千米，占世界热带雨林总面积的一半，林中树木种类达上万种。走进雨林，就好像进入了一个奇妙的植物王国：脚下是卷柏、羊齿、附生凤梨等地面植被；越过它们，是各种草本植物、灌木和矮小的乔木，树上附生着各种攀缘性植物；在万绿丛中，还有许多高达七八十米的"巨人树"，那是巴西杉和乳木。除了这些较常见的树种，雨林里还有许多特殊的成员，比如可以喝的水树，含有矿产的石英树，能治愈蛇毒、黄热病的治病树，等等。当然，这里也是一个巨大的水果园，巴西胡桃、甘蔗、黄梨等都是这里的特产。

亚马孙河是南美洲人民的骄傲，浩荡的河水养育了南美洲的数千万人民，因此，他们都自豪地把亚马孙河称为"我们的盾"。

亚马孙河

亚马孙河是地球上流量最大、流域面积最广的河流，全长6480千米，仅次于尼罗河，为世界第二长河。据统计，地球表面流动的水约有1/5来自亚马孙河。它浩浩荡荡流经南美洲8个国家和1个地区，滋养了沿岸700多万平方千米的土地。

动物王国

亚马孙河流域的动物种类极其丰富，其中有不少都是弥足珍贵的，例如蜜熊、负鼠、小食蚁兽、二趾树懒等。密林深处，大小河流纵横交错，为各种鱼类和水栖动物提供了一个自由的栖息地，里面生活着凯门鳄、淡水龟以及水栖哺乳类动物如海牛、淡水海豚等。河中的鱼类达2000多种，其中有一种名为皮拉尼亚的鱼，长着可怕的獠牙，专门喜欢攻击人类，为

此，人们送了它一个可怕的称号"食人鱼"。世界上最大的蛇——亚马孙森蚺也是这里的住户，它们最长可以达到10米，体重250千克，像一个成年人的躯干那么粗。除此之外，雨林中还有大约1500种鸟类，昆虫的种类更是不计其数，仅蚂蚁就超过了5000种。这片绿色的水域就这样养育着成千上万的生物，使它们自由地繁衍生息。

亚马孙平原在古地质年代曾为海水所浸没。

众多的支流

亚马孙河共有一千多条支流，其中超过1600千米的就达到了17条，广泛地分布在南美洲的大地上。其流域面积约700多万平方千米，占南美大陆总面积的40%。亚马孙河的主要支流几乎全部可以通航，可以承载上千吨的巨轮航行。在众多的支流中，内格罗河是最有名的一条。每当雨季来临的时候，内格罗河开始泛滥，淹没大片的森林。河水中含有大量微生物，把水面染成清澈的碧绿色，与主流的黄色形成鲜明的对比。内格罗河下游有一段河床，罗列着380座岛屿，是世界上最大的河上群岛，岛上栖息着大量的毒蛇、巨蟒，整个岛屿成为了蛇的天地。

除了巨大的雨林，亚马孙流域也有许多陡峭的悬崖峭壁，蕴藏着丰富的矿产资源。

亚马孙热带雨林不仅有丰富的植物资源，还蕴藏着许多宝贵的矿藏，如石墨、锡等，是一个天然的"大宝库"。

丰富的资源

亚马孙河水系的水力资源相当丰富，其中大部分分布在秘鲁境内安第斯山区河段，支流从圭亚那高原和巴西高原进入平原的接触带上，形成大量的急流和瀑布，仅在巴西境内就有8000万千瓦的水能可以利用。亚马孙河还是一个矿物资源的聚宝盆，这里蕴藏着丰富的铝土、锡、锰、铀、金、铅、石英、紫水晶等矿藏。仅在巴西，卡拉的蕴藏量就达到了180亿吨。而南美小国秘鲁由于在亚马孙河找到了石油，从而摇身一变，从石油输入国变成了石油输出国。同时，亚马孙河还有非常优越的航运条件，干流和各大支流都可以直接通航，载重3000吨的海轮可以到达秘鲁的伊基托斯，万吨巨轮则可以到达中游的玛瑙斯。整个水系的通航里程可达25000千米，这是世界上任何一条河流都望尘莫及的。现在，流域内的8个国家已经联合制订了合理开发自然资源的计划，相信不久的将来它一定会造福于更多的人。

内格罗河是亚马孙河的一条主要支流，是亚马孙河所有支流中流量最大的一条。

自然奇观——涌潮

　　亚马孙河还有一个闻名世界的自然奇观——涌潮。亚马孙河口是一个巨大的喇叭形，河面最宽的地方可以达到80千米。海潮一进入这个喇叭口后受到挤压，使水位不断地抬升，掀起几米高的巨浪，汹涌澎湃，十分壮观。

印第安人的生活仍处于原始的刀耕火种的阶段，被摒弃在现代社会生活之外，因此，也有人称他们为亚马孙河"被遗忘的主人"。

被遗忘的主人

　　印第安人曾是亚马孙流域最早的主人。1970年，考古学家在这一地区南部边缘瓦苏索斯部族居住的地方发现了古代印第安人居住过的十几个洞穴，从里面发掘出了大量的陶器和石器。据考古学家推测，生活在这些洞穴里的印第安人的活动年代距今12000～9000年。目前，亚马孙地区还生活着70万～90万印第安人，他们分属241个部族，这些部族讲着37种语言和数不清的方言。直到今天，相当一部分

亚马孙涌潮是世界上最壮观的海潮之一，可以与中国的钱塘江大潮相媲美，每年都吸引着成千上万的旅游者前来参观。

沙漠里的母亲河
尼罗河

在东非高原的布隆迪高地，一条蜿蜒的大河从南向北，流经卢旺达、坦桑尼亚、肯尼亚、乌干达、刚果（金）、苏丹、埃塞俄比亚等国，在埃及附近注入地中海，它就是号称世界第一长河的尼罗河。在非洲干旱的沙漠气候区，它就像是一位伟大的母亲，滋润着两岸的人民。

尼罗河是世界上唯一一条自南向北流淌的大河，它的源头包括脾气迥异的两条河流——白尼罗河与青尼罗河。柔美的白尼罗河是尼罗河最长的支流，它发源于布隆迪的卡格腊河，维多利亚湖、基奥加湖、艾伯特湖所构成的庞大湖区养育并丰盈了它。它穿越乌干达黑黢黢的丛林，在苏丹炎热干燥的不毛之地现身，当它进入苏丹南部的盆地时，河水泛滥成面积约1万平方千米的莎草沼泽，人们称之为"无法通过的地方"。由于苏丹气候炎热，因此，白尼罗河在这里消耗了大约2/3的水量之后继续北上，在苏丹首都喀土穆的正中心，与青尼罗河相会，从此才正式称为"尼罗河"，再往北流经埃及的广阔土地，最后注入地中海。尼罗河流域南起东非高原，北抵地中海岸，东倚埃塞

白尼罗河流经地势极其平坦，水流异常缓慢，在低纬度干燥地区阳光的照射下，河水蒸发强烈。

埃及的生命线

尼罗河从南至北，纵贯埃及全境，灌溉着沿岸240万公顷的土地。在沙漠占国土面积达96％的埃及，尼罗河就意味着生命。尼罗河下游的河谷和三角洲是古代埃及文明的发源地，也是现代埃及的政治、经济和文化中心。

俄比亚高原，并沿红海向西北延伸，西邻刚果盆地、乍得盆地并沿马腊山脉、大吉勒夫高原和利比亚沙漠向北延伸。流域地貌可简单归结为以下三点：主要由结晶岩组成的东非高原和由熔岩构成的埃塞俄比亚高原分别踞于流域的南侧和东南侧；整个苏丹基本上是一个由南往北微缓倾斜的巨大构造盆地，尼罗河纵贯其间；喀土穆以下尼罗河东西两侧则为广阔的沙漠台地。

尼罗河三角洲

每年夏天，尼罗河水都会泛滥，洪水退却后留下一层厚厚的河泥，形成肥沃的土壤，天长日久堆积成广阔的三角洲平原。尼罗河三角洲是尼罗河赐给埃及的一份厚礼，它的面积只有24000平方千米，占埃及国土总面积的24%，却集中了埃及90%以上的人口，被称为埃及的"绿色走廊"。"不到绿色走廊不算到埃及"的说法在非洲非常普遍，据考古学家推测，早在6000年前，埃及人的祖先就在尼罗河两岸繁衍孳生。长久以来，尼罗河谷一直棉田连绵、稻花飘香，在撒哈拉和阿拉伯沙漠的左右挟持中，蜿蜒的尼罗河犹如一位伟大的母亲，哺育着两岸的人民。

尼罗河畔自古以来就是埃及人民生活的地方，至今还保有许多远古时代的遗迹，向人们展示着古埃及的辉煌。

青尼罗河

与白尼罗河的恬静相比，青尼罗河则是一条粗野的支流，它发源于海拔2000米的"非洲屋脊"——埃塞俄比亚高原，全长680千米。

在埃塞俄比亚高原，来自大西洋的雾气化作了如注的雨水，在山坡上冲刷出一道道沟壑，并将大量的泥土卷入河流。在非洲的最高湖泊——塔纳湖，青尼罗河放慢了脚步，水流在浅滩、礁石中盘桓了大约30多千米之后，突然飞流而下，在雷霆般的轰鸣中造就了非洲第二大瀑布——梯赛斯特瀑布。在接下来的河段中，青尼罗河连续奔腾650千米之后，转了个马蹄形的大弯，最后冲出山谷，闯进苏丹南部的大平原与白尼罗河汇合，始称尼罗河。青尼罗河每年有4个月如脱缰的野马纵情奔流，提供了尼罗河全部水量的70%，正是因为它从埃塞俄比亚高原一路奔腾携带的大量泥沙才沉积成两岸肥沃的土地，孕育了灿烂的尼罗河文明。

自古以来埃及人民就利用尼罗河水灌溉农田，发展农业，尼罗河是当之无愧的埃及的生命线。

非洲中部的"水廊"

刚果河

刚果河又称扎伊尔河，发源于非洲南部的加丹加高原。它由南向北流去，穿过赤道以后折向西北，然后折向西南，再次穿过赤道，最后流入大西洋，形成一条流域面积约370万平方千米的弧圈形"水廊"。大弧圈的内侧就是地球上最大的盆地——刚果盆地。

刚果河全长4730千米，属于河流中的小兄弟，但它的水量却十分惊人，仅次于亚马孙河，排名世界第二。那么，它是怎么储存这么大的水量的呢？原来，刚果河两岸汇集了密集的支流，这些支流从周围的高地汇聚到赤道附近的刚果盆地，形成一个完整的向心状水系。由于这些支流中一部分处于南半球，另一部分处于北半球，而南北两地的雨季是轮番来临的（每年4月到9月，北半球为雨季；10月到第二年的3月，南半球为雨季），雨水交替倾泻到刚果河里，使它全年都保

刚果河流域包括了刚果民主共和国几乎全部领土，在这片广阔的流域里，密集的支流、副支流和小河汊分成许多河汊，构成了一个发达的河道网。

刚果盆地

刚果盆地是世界上最大的盆地，又称扎伊尔盆地，位于非洲中西部。整个盆地呈方形，赤道从它的中部横贯而过，面积约337万平方千米。刚果盆地是前寒武纪非洲古陆块的核心部分，由古老的变质花岗岩、片麻岩、片岩、石英岩等组成。

持着丰沛的水量。丰富的水力资源蕴藏量达1亿千瓦以上，占全世界水能总储备的17%。如果用来发电，可以满足全部赤道

对刚果盆地的居民而言鱼是一种天然资源。在基桑加尼上游的急流中，当地人用木制的鱼笼来捕鱼。

同组成的，绵延在赤道南北100多千米的河段上，是世界上最长的瀑布群，总落差达60多米。基桑加尼以下是刚果河，沿河道至金沙萨为中游，长1740千米，这段水域水流平缓、水量丰富，有39条支流可以通航。金沙萨以下为下游，河水在这里切穿刚果盆地的边缘山地，形成长217千米的峡谷，最窄处只有220米，河水汹涌咆哮，奔腾而下，形成著名的利文斯敦瀑布群。利文斯敦瀑布群由32个大小不同的瀑布组成，落差280米，是非洲最大的组合瀑布群。

非洲国家的需要。目前，扎伊尔已经在刚果河下游兴建了巨大的英加水利枢纽。

刚果河上游气候炎热潮湿，人烟稀少，有近1600米的河段可供航行。

流域美景

刚果河在基桑加尼以上为上游，称为卢阿拉巴河。卢阿拉巴河有两个源头：西支源自加丹加高原，东支源自赞比亚的班韦乌卢湖，它们流经高原地区，河谷深邃，水流湍急，多急流瀑布。基桑加尼瀑布是其中最著名的盛景，它是由连在一起的七个瀑布共

沟通世界的桥梁
巴拿马运河

在美洲中部有一条狭窄的地段，犹如西半球的蜂腰，这就是巴拿马地峡。它西濒太平洋，东临大西洋，连接着南、北美大陆。其间有一条大运河，这就是因地峡名称而得名的巴拿马运河，它沟通了太平洋与大西洋的水上交通运输，被誉为"世界桥梁"。

每年从巴拿马运河通过的船只达到15000艘，总吨位在1.5亿吨以上，货运量占世界海上货运量的5%。

巴拿马运河位于北美洲巴拿马共和国的中部，全长81.3千米，水深13～15米不等，河宽150～304米。整个运河的水位高出两大洋26米，设有6座船闸，船舶通过运河一般需要9个小时，可以通航76000吨级的轮船。运河是复线水闸式的，船只通过运河需经三级水闸，每个水闸宽为34米，长为312米。海轮由大西洋航经巴拿马运河驶向太平洋，首先驶入长约12千米、宽150米、水深12.6米的利蒙湾深水航道至克里斯托瓦尔港；通过由3座船闸组成的加通水闸后，水位升高26米，进入加通湖。该湖航道大约38千米，宽150～300米，深13.7～26.5米，其航向转为东南，略呈S形，航至甘博阿；然后入库莱布拉航道，又称盖拉特航道，长

蝴蝶之国

"巴拿马"这个词来源于印第安语，意思是"蝴蝶之国"。16世纪初，哥伦布在巴拿马沿海登陆以后，发现这里到处是成群飞舞的彩色蝴蝶，于是，他就将此处命名为"巴拿马"。

13千米、宽152米、水深13.7米；再经佩德罗—米格尔船闸、米拉弗洛雷斯湖小段航道以及由两座船闸组成的数学米拉弗洛雷斯水闸，水位复降至海平面，抵巴尔博亚；最后进入巴拿马湾深水航道。

巴拿马运河大大缩短了太平洋和大西洋之间的航程，方便了拉丁美洲东海岸与西海岸以及与亚洲、大洋洲的联系，是当今世界最重要的国际通航水道之一。

不平凡的开凿历史

巴拿马地处北美洲与南美洲的交界处，连接着太平洋和大西洋，最宽的陆域宽度只有80多千米，这使得它成为沟通两大洋的最理想的通道。早在16世纪，西班牙国王查理五世就曾下令进行开凿巴拿马运河的测量和调查工作。1879年，在巴黎召开的审查巴拿马运河的问题的国际代表会议上，法国取得了开凿运河的权利，但后来由于疾病的流行和财政上的困难，挖掘工作在1889年被迫停止。直到1901年，美国通过一系列的不平等条约取得了修建和经营运河的永久垄断权和永久使用巴拿马运河区的权利。同年11月，在原来法国开凿的基础上，美国又投入了大量的资金和人力来挖凿运河。运河于1914年竣工，1920年起正式成为国际通航水道。巴拿马运河的交通流量是世界贸易的晴雨表，世界经济繁荣时交通量就会上升，经济不景气时就会下降。

巴拿马运河船只较小，通过时间较长，不适应大型船舶和快速运输的需要，目前，运河的通航量已经接近饱和。

穿过巴拿马运河的主要贸易航线来往于以下各地之间：美国本土东海岸与夏威夷及东亚；美国东海岸与南美洲西海岸；欧洲与北美洲西海岸；欧洲与南美洲西海岸；北美洲东海岸与大洋洲；美国东、西海岸；以及欧洲与澳大利亚。在运河的国际交通中，美国东海岸与东亚之间的贸易居于最主要地位。

1914年8月15日巴拿马运河正式通航，运河的通航极大地缩短了东西两岸之间的距离。

东方的伟大航道
苏伊士运河

苏伊士运河是世界上最为著名的一条国际通航运河。它横穿埃及国土，介于亚非两个大陆之间，北通地中海，南接红海，沟通大西洋和印度洋，是亚、非、欧三大洲的交通要塞，战略地位十分重要。马克思在100多年以前就曾高度评价苏伊士运河，称它为"东方的伟大航道"。

1980年，苏伊士运河完成了第一期扩建工程，扩建后的运河全长195千米，最宽处达365米，可以通航15万吨的油轮。

"**苏**伊士"一名最早来自科尔松，是埃及人对居住在这里的人数稀少的居民点的称呼。苏伊士运河北起塞德港，南抵苏伊士河陶菲克港，连同伸入地中海、红海的河段，全长173千米，是一条在国际航运中具有重

1869年11月17日苏伊士运河正式通航，很快便成为欧洲商业扩张的基本通道。

要战略意义的国际海运航道，每年承担着全世界14%的海运贸易。运河刚开通时深8米，宽22～60米，后来，随着屡次修建，深度达到了12米，最宽的地方超过了150米。以前从欧洲进入印度洋和太平洋要绕道非洲大陆南端的好望角，不但旅途遥远，而且充满了危险。苏伊士运河开通以后，大大缩短了欧、亚、非之间的远洋航运。现在，从欧洲经苏伊士运河进入印度洋和太平洋，航程比以前缩短了6000千米，而从黑海沿岸到印度洋航程则缩短了1万千米以上。正是因为具有如此重要的地理和经济意义，所以人们也把苏伊士运河称为"世界航道的十字路口"。

塞德港是苏伊士运河与地中海的汇合处，是世界最大的煤炭石油贮存港之一。

一段沾满血泪的历史

为了开挖苏伊士运河，埃及人民耗费了巨大的人力物力。几万人每天从黎明到傍晚，不停地劳作，花了整整十年的时间。据统计，苏伊士运河从挖掘开始到最后竣工，全部费用超过1800万埃镑，12万民工为此献出了宝贵的生命。埃及前总统纳赛尔曾说过："苏伊士运河是由埃及人的灵魂、头颅、鲜血和尸骨筑成的。"

沙漠里的绿色纽带

苏伊士运河地处沙漠中心，沿岸尽是连绵不断的沙丘和干旱的戈壁，景色显得异常单调。然而，苏伊士运河像是一条绿色的带子，沿途利用曼扎拉湖、巴拉湖、提姆萨湖、大苦湖、小苦湖等湖沼和洼地作为航道，给茫茫的大戈壁带来了无限的生机。它的西岸，在甜水河引来尼罗河的地段，满眼郁郁葱葱，车辆奔驰如织，有名的运河三城——塞德港、伊斯梅利亚和苏伊士城从南向北一字排开，生机盎然；东岸是地势较高、崎岖荒凉的西奈半岛，这里人烟稀少，偶尔可以看见骆驼警卫沿河巡逻，一柱青烟缓缓升起，宛然有"大漠孤烟直"的景象。

中国最长的内陆河流

南疆塔里木河

塔里木河的名字在古突厥语中的意思是"沙中之水"，它蜿蜒曲折地延伸进了大沙漠的肌理之中。在南疆绿洲文明的历史上，塔里木河曾经是丝绸之路上重要城池的生命线，譬如于阗、龟兹、楼兰、尼雅、焉耆……

作为南疆维吾尔族人的生命之河，塔里木河孕育着如许蓬勃的绿色生命。

在干燥的塔里木盆地的北部，发育了一条中国最长的内陆河——塔里木河，它仅次于伏尔加河，为世界第二大内陆河。塔里木河河水流量因季节差异而变化很大。每当进入酷热夏季，积雪、冰川融化，河水流量急剧增加，它就像一匹"无缰的野马"，咆哮着穿行在万古荒漠和草原上。河道含沙量大，冲淤变化频繁，由于河流经常改道，中游地区形成了南北宽达千百米左右的冲积平原。塔里木河河道曲折，汉流众多，水草丛生，浩浩荡荡，形成一派"水上迷宫"的景象。

塔里木河流域因丝绸之路而成为三大古老文明——印度文明、希腊文明、中华文明交汇的走廊。

沙漠中的树和沙漠中的河一样，死亡并非是生命力的丧失，而是生命形式的一种转换。

内陆河源流

内陆河又称内流河，是指不流入海洋的河流，多分布于大陆内部的干旱地区，因降雨少，沿河蒸发量大，河水多消失于沙漠或注入内陆湖盆。塔里木河就属于这类河流，它被群山环抱，流域内气候干燥，雨量稀少。塔里木河若以叶尔羌河源起算，全长为2179千米，其长度仅次于长江、黄河、黑龙江，居全国第四位，流域面积19.8万平方千米。干流沿着盆地北部边缘由西向东蜿蜒于北纬41°，到东经87°以东折向东南，穿过塔克拉玛干大沙漠东部，最后注入台特马湖。塔里木河上游源流有三条：叶尔羌河、和田河、阿克苏河，三条支流在阿凡提县境内汇合后始称塔里木河。

枯死的胡杨林

在新疆塔里木河沿岸，呈走廊状分布着的胡杨林是目前世界上面积最大的一片天然原始胡杨林。胡杨，维吾尔语称为"托克拉克"，意为最美丽的树。它是随青藏高原的隆起而出现的古老树种，在干旱少雨的沙漠地带，其根可深入地下10米汲取水分。相传，这种树活着站立1000年，死后不倒1000年，倒后不腐又是1000年。林中伴生着大量的梭梭、甘草、柽柳、骆驼刺等沙生植物，养育着塔里木马鹿、野骆驼、鹅喉羚、大天鹅、鹭鸶等上百种野生动物。它们共同组成了一个特殊的生态体系，营造着一片片绿洲。胡杨林犹如一条绿色长城，环抱着塔克拉玛干大沙漠。坚韧的胡杨林不仅能起到防风固沙、防浪护岸、阻挡流沙移动的作用，而且还可以防止干热风、改善小气候，成为保护绿洲的第一道防线，并阻止了南疆两大沙漠——塔克拉玛干沙漠和库姆塔格沙漠的合拢。塔里木河断流之后的30年里，下游的胡杨林逐渐死亡，变成了沙漠中的"木乃伊"。胡杨林中已经没有了伴生植物。生长了几百上千年的古胡杨或围沙而立，或横亘沙丘，枯树败枝满目皆是，昔日胡杨走廊已经失去了生命力。

现在，在庞大的调水工程中，断流干涸的塔里木河下游怀抱着逐步恢复生机的希望，那千里胡杨林也将得到流水的滋润……

胡杨林枯死后，塔里木河下游成了一片茫茫大沙漠。

追溯母亲河的源头
九曲黄河天上来

黄河孕育了灿烂辉煌的华夏文明，因此有"母亲河"之誉。

黄河，中国的第二大河。它发源于青海高原巴颜喀拉山北麓约古宗列盆地，蜿蜒东流，穿越黄土高原及黄淮海冲积大平原，注入渤海。其干流全长5464千米，水面落差4480米，流域总面积达75.24万平方千米。

青　海

黄河源头卡日曲

据地质演变历史的考证，黄河是一条相对年轻的河流。在距今约115万年前的晚早更新世，黄河流域内还只有一些互不连通的湖盆，各自形成独立的内陆水系。此后，随着西部高原的抬升、河流的侵蚀和袭夺，历经约105万年的中更新世后，各湖盆间逐渐连通，形成了黄河水系的雏形。到距今约10万～1万年间的晚更新世，黄河才逐步演变成为从河源到入海口上下贯通的大河。自古以来，人们便对黄河之源展开了孜孜不倦的探寻。这些探寻河源的活动，在目的、方式及经历上各有不同，有天马行空的神思遥想，有戎马倥偬的解鞍稍驻，亦有御命所系的寻根究底，而探寻结果却历千年而难有定论。"君不见黄河之水天上来，奔流到海不复回。"千余年前，李白这一声慨然长叹，似乎也蕴含了对黄河之源的种种遐想。生命之源的黄河水，你究竟来自何处，天上吗？天上又何方？

伏流重源说

战国时期，关于黄河的源头，有人提出"导河积石"说，此后又有"河出昆仑"说。这两种说法幻想成分居多，但却初步提出了"潜流"的概念，并最终导致了"伏流重源"之说。公元前126年的一天，已经杳无音讯13年的汉使张骞回到了长安城。张骞的归来，并没有完成当年汉武帝交给他的联络大月氏共击匈奴的使命，但他游历西域诸国，了解了有关西域的诸多情况，对黄河河源的认识即是其中一个收获。《史记·大宛列传》记载，张骞归来后向汉武帝报告说："于阗之西，则水皆西流，注西海；其东水（今塔里木河）东流，注盐泽（今新疆罗布泊）。盐泽潜行地下，其南则河源出焉。"张骞的这种认识，据今人考证，是依据当时西域的传说，因为张骞本人不可能到达罗布泊。然而无论如何，这种说法经张骞之口，成了当时中原地区盛行的对河源的认识。东汉时期，班固又把原来的黄河"一源说"发展为"两源说"，即在张骞所知河源于阗之外，又加上了葱岭（今帕米尔高原），二流汇合后，流入蒲昌海（罗布泊）。另

上古时代，人们认为黄河源于昆仑山，即流传后世的"河出昆仑"说。

外，班固再次指出了黄河在罗布泊下潜流后，"南出于积石"。这样，关于黄河的"伏流重源"说便正式确立了起来。然而，这样的说法是缺乏科学依据的。单以海拔而论，青藏高原比塔里木盆地高得多，罗布泊之水又如何能潜行地下千里而从积石山复出呢？

河出星宿说

隋朝大业五年（609），隋炀帝亲征吐谷浑，大败之，迫其王伏允西走，于是置四郡于其地，其一为"河源郡"。"河源郡"所辖之地虽未到河源地区，但既然

陕北的特殊地貌——黄土高原

羊皮筏是古代沿袭至今的黄河摆渡工具。

这是历史上明确记载有人到达河源区的最早记录。元朝至元十七年（1280），中国少数民族旅行家都实带着大元皇帝忽必烈的御命来到河源区，专门来寻找河源，其弟阔阔出随同。后元朝翰林侍读潘昂霄根据阔阔出所言，著成《河源志》一篇。《河源志》描述了一个美丽、生动的星宿海，这一描述使人们对"河出星宿"有了较深的认识，从而否定了"伏流重源"说。但是，与都实大约同时，元代地理学家朱思本却从西藏梵文图书中得知，星宿

郡名河源，则河源当在其附近。635年的一天，唐朝大将侯君集和江夏王李道宗来到了河源区——星宿川。他们此次并非专为探寻河源而来，而是肩负着追击吐谷浑军队的重任。他们在河源区进行了一系列的战斗，"进逾星宿川，至柏海"，终于"北望积石山，观河源之所出焉"。星宿川即今星宿海，而柏海即今扎陵湖。

黄河洪水挟带大量泥沙进入下游平原地区后泥沙迅速沉积，主流则在漫流区游荡，人们不得不筑堤防洪。

黄河支流众多,组成了浩大的黄河水系。四川红原的黄河支流就是其中之一。

海并非黄河最后源头,河源犹在其西南百里之外。明洪武十五年(1382),宗泐和尚奉使西藏归来,经过河源地区时,曾对之进行考察,指出河源出自巴颜喀拉山的东北,而且巴颜喀拉山是黄河与长江在上源的分水岭。这在黄河河源的认识上是一个大突破。

正源之争

清初,随着中原地区与河源区的来往更加频繁,人们已逐渐了解到在黄河上源区有"古尔班索罗谟"(蒙古语意即三条支河),但对其具体情况还不是太清楚。康熙皇帝一向留心华夏地理,于是在康熙四十三年(1704)派拉锡、舒兰等人前去探究河源。拉锡一行经过一番考察后,绘制了《星宿河源图》回复康熙皇帝。舒兰还撰有《河源记》,证实了"古尔班索罗谟"的存在。然而拉锡等人并没有指出哪一支流为正源。乾隆中期,齐召南编著了一部《水道提纲》,其中把黄河上源三条支流的中间一支阿尔坦河定为正源。这条阿尔坦河,即是现在的约古宗列曲,另外两源是扎曲和卡日曲。乾隆四十七年(1782),乾隆皇帝派遣乾清门侍卫阿弥达"穷河源告祭"。阿弥达告祭河源之后,将南面一条色黄的支流定为河源,即卡日曲。这就引起后世关于河源到底是约古宗列曲还是卡日曲的争议。乾隆皇帝在阿弥达考察之后,宣布此番考察发现的河源为黄河正源,从而否定了齐召南的约古宗列曲正源说。黄河正源问题在后世又有反复。

1952年,黄河河源查勘队在河源查勘了4个多月后,认为约古宗列曲是黄河正源。然而此说却引起颇多争议。1978年,青海省人民政府又组织有关单位在河源地区进行一个月的考察,重新认定卡日曲是黄河的正源,并根据卡日曲的长度重新测定了黄河长度,为5464千米。黄河正源之争至此方告一段落。其实无论孰为正源,卡日曲、约古宗列曲均为黄河的重要源头。二源和扎曲入星宿海,再转为玛曲,后汇入扎陵湖、鄂陵湖,复转出东走,即成为辗转游走5464千米、"奔流到海不复回"的滔滔黄河。

黄河之水自古至今滔滔不绝,而当年探寻者的足迹早已在岁月的流转中消磨不见。我们或许在偶然的凝思沉吟之际,犹可感受到张骞含辛茹苦的奇志和侯君集、李道宗立马星宿的豪情。只是彼时那情、那景、那人,如今已如诗、如画、如风。而河源呢?河源依旧美丽。

石渠大草原·巴格嘛呢墙

野性雅砻江

四川的西部是一个向上的世界，被石头抬举，大部分的空间是崇山峻岭，悬崖峭峰。雅砻江穿流于这片高地之中，那些拓印在水面上的山影与水底的嶙峋怪石，造就了它舒缓曼妙与奔腾切割的双重性格。

石渠大草原一派"天苍苍、野茫茫、风吹草低见牛羊"的壮美景观。

雅砻江又称鸦江、若水，位于四川省的西部，是金沙江最大的支流。它发源于青海省巴颜喀拉山的南麓，上源叫扎曲，流到四川境内的甲衣寺后始称雅砻江。经过石渠县后，它又来到甘孜，然后在连绵不断的峡谷中咆哮、怒吼着，以势不可挡的气概，向南穿过以黄金产地闻名的新龙。饱览了雅江箭杆山雄伟壮丽的景色后，它又飞驰而过四川第一高峰——贡嘎山，来到盛产良木的木里附近，环绕着锦屏山绕了个100多度的大急弯，形成著名的雅砻江大河湾。在大河湾口处，它经过冕宁县，又勇敢地挤过锦屏山和牦牛山之间的峡谷，一泻千里，越过钢城攀枝花，投入金沙江的怀抱，干流总长约1500千米。

位于雅砻江下游河段二滩峡谷区内的二滩水电站，是我国20世纪末建成投产的最大水电站。

石渠大草原

在雅砻江上游，有一座四川省海拔最高的县城——石渠。石渠的藏语别称是"扎溪卡瓦"，意为雅砻江边，其确切的地理位置是青藏高原东南缘的川、青、藏三省区的交界处。石渠县境内的平均海拔为4000米，这里有四川省最大的草原——石渠大草原，草地面积约占全县总面积的90％。

雅砻江和金沙江都流经石渠大草原，给草原带来了丰富的水资源。草原上有众多的高山海子，茂密的草原和充裕的水源，为草原上的游牧业提供了先天条件。草原是石渠人主要的生活舞台，逐水草而居的游牧生活便成了多数石渠人的生活方式。这样，石渠成了游牧部落聚居区，也成了野生动物的天堂。来到石渠大草原，你会被它那不事雕琢的自然美深深打动，它的原始、纯净、苍茫与悠远，有一种大美不言的深沉韵味。

雅砻江中游，地形越来越深，河谷越来越窄，江水也如飞箭离弦，狂奔乱跳。

巴格嘛呢墙

嘛呢石是藏传佛教的一大景观。虔诚的佛教徒想把石头变成有灵气的东西，便一代接着一代在石头上不知疲倦地刻写佛言或刻画佛像，实在不会刻画的，干脆把石头捡起来堆成一个个人工山，这就是嘛呢石的来历。

在石渠，那一座座的嘛呢堆被垒成了城墙，垒成了城堡，横卧在辽阔的石渠大草原上，其中最著名的就是巴格嘛呢墙。巴格嘛呢墙距石渠县城50千米左右，全长1.6千米，厚约2～3米，最高处约3米。墙体全部用嘛呢石片垒砌而成，每隔一段距离就有几座佛塔相连。墙的两面还留有许多大大小小的"窗口"，"窗口"里摆放着一个或几个石刻彩绘佛像。石片上刻着六字箴言和《甘珠尔》、《丹珠尔》的部分经文。墙头上飘扬着五色经幡，墙体两边的窗口里摆放着各种佛像，墙边上还有长长的转经筒墙、八宝白塔和经幡塔群等。

如此浩繁宏伟的工程，都是虔诚的佛教徒们用嘛呢石一块一块垒上去的。300多年来，四面八方前来朝觐的信徒将巴格嘛呢墙越砌越长，使它成为一座举世闻名的信仰长城，至今还在不断地向前伸延……

巴格嘛呢墙墙体两边的洞窟里摆放着各种佛像，雕刻精美传神。

江源历代探寻

长江万里长

长江是世界第三大长河，整个流域的河网结构，为一巨大的树枝状水系。干流从青藏高原腹地至入海口，蜿蜒贯穿中国大陆地势的三级阶梯，有如大树的主干；众多的支流南北伸展，犹如树枝。

长江自宜宾至宜昌河段通称川江，流经四川与湖北两省。

长江发源于"世界屋脊"——青藏高原的唐古拉山脉各拉丹冬峰西南侧。干流流经青海、西藏、四川、云南、重庆、湖北、湖南、江西、安徽、江苏、上海11个省、自治区、直辖市，于崇明岛以东注入东海。长江全长6300余千米，比黄河长800余千米，在世界大河中长度仅次于非洲的尼罗河和南美洲的亚马孙河，居世界第三位。长江干流自西而东横贯中国中部，数百条支流辐辏南北，延伸至贵州、甘肃、陕西、河南、广西、广东、浙江、福建8个省、自治区的部分地区，流域面积达180万平方千米，约占中国陆地总面积的1/5。

沱江是长江上游最大的支流之一。

航运

长江是中国主要的运输河流，客货运输密集。长江是海路的延续，将内陆和沿海的港口与其他主要城市连成一个运输网，其中南京、武汉与重庆具主要作用。长江通过大运河与可通航的黄河及渭水相通，大运河还与杭州及天津的海港联系在一起。由于中国经济的持续快速发展，加之长江沿线的航道不断得到整治，进入21世纪，长江航运迅猛发展。2005年，长江干线货运量达7.95亿吨，超过欧洲的莱茵河和美国的密西西比河，成为世界上运量最大、航运最繁忙的通航河流。长江水量和水利资源丰富，盛水期，万吨轮可通武汉，小轮可上溯宜宾。长江流域是中国人口密集，经济最繁荣的地区。

长江中下游的湿地上，生活着数以百万计的迁徙水鸟。丹顶鹤就在此地越冬。

分段

长江的源头至湖北省宜昌市之间为上游，水急滩多；宜昌至江西省湖口市为中游，曲流发达，多湖泊；湖口以下至入海口为下游，江宽，江口有水流堆积而成的崇明岛。

长江有些江段又有它自己的名称。自长江源头至长江南源当曲河口，通称为长江正源沱沱河；自巴塘河口至四川省宜宾市岷江河口，通称为金沙江；自湖北省宜都市枝城至湖南省岳阳市的城陵矶，通称为荆江；江苏省镇江、扬州一带的长江，通称为扬子江。还有一些其他江段，在此就不一一列举了。

最美的岩溶峰林峰丛地貌

漓江山水

云中的神呵，雾中的仙，神姿仙态桂林的山！情一样深呵，梦一样美，如情似梦漓江的水！是梦境呵，是仙境？此时身在独秀峰！心是醉呵，还是醒？水迎山接入画屏！——贺敬之《桂林山水歌》

漓江右岸冷水村对面有一座九峰相连的大石山，即为画山。石壁青绿黄白，粗密有致，依稀可见九匹骏马。

广 西

从桂林乘舟至阳朔，约4小时的漓江水程里，风光无限。

在我国的南疆，有一片神奇的土地，这里的山奇秀多姿，嶙峋突兀，这里的水清秀美丽，蜿蜒山间……这就是广西的漓江山水。

漓江属于珠江水系，位于华南广西壮族自治区东部，发源于兴安县的猫儿山，猫儿山被誉为"华南第一峰"，是一个生态环境极佳的地方。从猫儿山下来，漓江每流经不同的地方，当地的人们便会赋予她不同的称呼，如六峒河、溶江等。我们常说的漓江，指的是由溶江镇汇聚了灵渠水后，流经灵川、桂林、阳朔，至平乐县恭城河口这一段。由桂林至阳朔的漓江，在万千峰峦之间穿梭，可谓奇峰夹岸，碧水萦回。

漓江是世界上风光最秀丽的河流之一，这里的山，平地拔起，千姿百态；漓江的水，蜿蜒曲折，明洁如镜；山多有洞，洞幽景奇；洞中怪石，鬼斧神工，琳琅满目。于是，"山青、水秀、洞奇、石美"成为桂林"四绝"，自古就享有"桂林山水甲天下"的赞誉。美国前总统尼克松在游览过桂林后说："我周游了80多个国家的100多个名城，没有一个比得上桂林美丽，也没有一个名城的山水比得上阳朔山水。"

漓江两岸的奇山异峰属于典型的岩溶地貌，即喀斯特地貌。漓江山水景观是所有的岩溶地貌类型中发育最充分、美学观赏价值最高的一种。

唐代文豪韩愈观漓江山水后，曾写下名句"江作青罗带，山如碧玉簪"。

岩溶峰林、峰丛地貌

桂林市城区面积达565平方千米，岩溶地貌分布面积超过了96%。漓江桂林最具特色的山就是那些平地而起的石峰群。高耸的石灰岩山峰宛如雨后春笋，分散或成群地出现在平地上，远望如林。它是热带岩溶的典型地貌形态，以中国华南最为发育，属于广义峰林的范畴。岩溶峰林形成于高温、高湿的气候条件下，分布于年平均温度20℃和年降水量1500毫米以上的地区。峰林则分布在区域性地壳运动轻微上升的地区。

独秀峰位于桂林市中心的古王城里，是典型的岩溶峰林。独秀峰因南北朝诗人颜延之的诗句"未若独秀者，峨峨乳邑间"而得名，海拔216米，高出平地66米，长120米，宽50米。

独秀峰是由3.5亿年前浅海生物化学沉积的石灰岩组成的，主要有三组几乎垂直的裂隙切割，从山顶直劈山脚，通过雨水的侵蚀作用，不断溶蚀、崩塌，形成旁无

象鼻山是漓江山水的象征，山形酷似一头伸鼻饮水的巨象。

桂林的山，平地奇峰，拔起峭峻，
山色青黛，宛如碧玉。

在水月洞内外的崖壁上。山顶矗立着一座古老的砖塔。远看像插在象背上的一把剑柄，又像一个古雅的宝瓶，故有"剑柄塔"、"宝瓶塔"之称。此塔建于明代，高13米，雕有普贤菩萨像，因名"普贤塔"。象鼻山景色优美，早已成为桂林山水的象征和桂林城的标志。

岩溶峰丛是一种复合地貌，上部是高耸的典型的峰林形态，下部为彼此相连的基岩山地，峰间形成U字形垭口，峰丛的坡度一般为30°～60°，相对高度可达到300～600米。峰丛多分布在地壳运动比较强烈的地区，峰丛区的地下水埋藏较深，地下水系发育，流域面积较大。

黄牛峡是漓江的峡谷区，西岸有一排长约2000米的由水流侵蚀而成的陡崖，陡崖或高或低，似蝙蝠展翅。黄牛峡至水落村一段，夹岸石山连绵不断，奇峰围峦映带，是漓江风光的精华所在。主要景点有望夫石、草坪帷幕、冠岩幽府、半边渡、鲤鱼挂壁、童子拜观音、八仙过江、九马画山等，这些共同构成了典型的峰丛地貌。"万点桂山尖"正是峰丛地貌的真实写照，它既道出了漓江两岸石峰形态的美，更突出了石峰数目繁多的特点。

坡阜的孤峰。独秀峰巍然屹立，端庄雄伟，享有"南天一柱"之誉。晨熹中或夕阳下，披上太阳光辉的独秀峰，俨然一位紫袍玉带的王者，故又被称为"紫金山"。

此外，颇富盛名的象鼻山也是典型的岩溶峰林地貌。象鼻山位于市内桃花江与漓江汇流处，由3.6亿年前海底沉积的石灰岩构成。其山形酷似一头巨象伸长了鼻子在临江汲水，故此得名。由山西侧拾级而上，可达象背。山上有象眼岩，左右对穿，酷似大象的一对眼睛。

象鼻与象身之间的大洞，便是著名的水月洞，该洞高1米，深2米，形似半月，洞映入水，恰如满月，到了夜间明月初升，便形成了"象山水月"的奇观。宋代有诗云："水底有明月，水上明月浮。水流月不去，月去水还流。"

象鼻山上有历代石刻文物50余件，多刻

畅游漓江

人们到桂林游漓江，主要是游览从桂林乘船顺流而下至阳朔这一段。这一带两岸的景色犹如一卷长达百里的锦绣画廊。沿途有象鼻山、斗鸡山、净瓶山、磨盘山、冠岩、

漓江桂林一带是我国最典型、规模最大的岩溶地貌区。

秀山、仙人推磨、画山、黄布倒影、螺蛳山、碧莲峰、书童山等知名景点。

乘船从阳朔县冠岩出发，经半边渡，过双船滩、锣鼓滩、闹滩、鸳鸯滩四条急滩后，再过二郎峡便可看到画山。此山因壁宽且壁色如画而得名，又因壁纹勾画形似马群，便有了"九马画山"这一鬼斧神工的景观。

山壁上的马群神态各异，或卧、或坐、或奔，妙趣横生。当地的民谣唱道："看马郎，看马郎，问你神马有几双？看出七匹中榜眼，看中九匹状元郎。"相传画山上的马群本是一群神马。很久以前，玉皇大帝为了控制齐天大圣孙悟空，便把他召到天庭，给他封了个"弼马温"的官职。奈何孙悟空不喜管制，整日饮酒作乐，且放纵马群。有一天，这些神马便冲破天阙，来到人间。神马见此地风光无限，便在漓江边住了下来，不料竟遭附近的百姓围打。神马四处乱跑，最后跑到山壁上变成了石马。

乘船游漓江，沿途的景色无比秀美，江里的倒影别有一番韵味——水里的山竟比岸

上的山还要清晰，山的姿态也在随着船的位置不断变化。正如清代诗人袁枚所描绘的那样："分明看见青山顶，船在青山顶上行。"

漓江之美，不仅仅在于其山青、水秀、洞奇、石美，且多深潭、险滩、流泉、飞瀑等胜景，且在不同的季节、不同的天气条件下，漓江都别具韵味。晴天的漓江，青峰倒映，碧水蓝天，美不胜收；烟雨天的漓江，却是细雨如纱，淅淅沥沥，云雾缭绕，人置身其中，恍若来到了仙宫，如入梦境。

西方艺术史研究者认为中国古典绘画中那种尖塔状的山峰即脱胎于漓江山水。

第四章
湖泊篇

Part 4
Beautiful Lakes

　　湖泊是指陆地表面洼地积水形成的比较宽广的水域。散落在大地上的众多湖泊尽管有着各种不同的形状，但站在高处俯瞰，它们仿佛都是大地的眼睛，清澈、纯净，充满智慧、生机和灵气。与山岳的雄伟相比，湖泊更显清奇淡逸、莫测幽深。死海的神秘、纳木错的圣洁、贝加尔湖的富饶、西湖的妩媚、泸沽湖的神奇……

　　千百年来，人们或行吟泽畔，留下难以数计的诗文词赋，或建筑亭台楼榭，使之与湖光山色相映生辉。这些由湖泊产生的诗文词赋、亭台楼榭、逸事传说融合积淀成独特的湖泊文化，与山岳、江河一起构成山水文化的主体。

欧洲的"风水宝地"

里海

在广阔的中亚西部和欧洲东南端，有一片辽阔的水域，烟波浩淼、一望无际，水面上经常出现狂风大浪，犹如大海翻滚的波涛，并且水也是咸的，水中还生活着许多和海洋生物十分相像的水生生物。这里就是被称为欧洲"风水宝地"的里海，一个像海一样的"海迹湖"。

里海的水面低于外洋海面28米，湖水平均深度约180米，有伏尔加河、乌拉尔河、库拉河、捷列克河等130多条河流注入其中。

里海的水量主要来自乌拉尔河和伏尔加河，河水沿着厄尔布尔士山的山麓丘陵注入里海南岸。

里海是世界上最大的内陆湖。在地质时代里，里海同黑海、地中海曾经是连在一起的。后来，地壳的运动使这里的海陆面貌发生了巨大的变化，高加索山和厄尔布尔士山在西南和南部崛起，把里海和黑海分离成了现在这样一个内陆湖。

由于里海周围地区气候的变化，也引起了里海水位的变化，在1670～1705年，里海的水面下降了1.6米，但从1728年起又急剧上升，10年之中竟然升高了2.8米，以后又一直趋于下降，到1970年，水位已经比100年前低了2.5米。由于水位下降太多，以至于里海两岸的面貌也发生了较大的改变，有的地方甚至露出了湖底。20世纪80年代初，在经历了近50年的变浅之后，里海的水位又神奇地上升了，在短短的3年里竟然升高了1米。现在，这种变化仍在继续。里海海区纵跨几个不同的气候区。里海北部位于温带大陆性气候带，而整个里海中部及南部大部分海区则位于温热带。西南部受副热带气候影响，东海岸以沙漠气候为主，从而造成多变的气候。大气环流冬季以寒冷、明净的亚洲反气旋为主，而在夏季亚速群岛高压分支和南亚低

里海已经被证实了含有丰富的石油矿藏。早期的石油开采主要集中在里海西南沿岸，如今已经扩展到北岸的哈萨克斯坦境内。

压中心发生影响。狂烈的风暴与北风和东南风有关。

奇特的黑口

在里海的东部有一个神奇的湖湾——卡腊—博加兹—哥尔湾，意思是"黑口"。湖湾面积约1万平方千米，水深3米，水位比里海要低得多，只有一条狭长的河道和里海相通。里海的水通过河道源源不断地涌向这里。但令人吃惊的是，就这么一个小小的湖湾，却像是一个无底洞，永远也灌不满。那么，这个黑口是怎样把大量的湖水吞噬的呢？原来，湖湾附近有一片广阔而炽热的沙漠，把大量的水都蒸发掉了，形成了一个独特的自然"锅炉"。由于湖水大量蒸发，湖里积聚了极度饱和的天然盐水，到了秋天，气温下降，盐水结晶成为芒硝。第二年春天，芒硝在阳光的曝晒下脱去水分，在湖面上形成一层雪白的硫酸钠盐层，是化学、造纸工业的天然原料。

会"唱歌"的盐层

里海沿岸一带的盐层在清晨时分会发出一种歌声般的奇特声响，猛听上去就像暴雨打在铁皮屋顶上，仔细一听，那声音时强时弱，还带有某种韵律呢。原来，当太阳升起时，被暴晒的盐层由于受热不均匀而发生绽裂，一部分裂片剥落下来就发出了如此奇特的声音。

死海

在地球陆地的最低处有一个神秘的内陆湖，湖面上盐柱林立，有些地方还漂浮着大量的盐块。湖里不仅没有鱼虾，甚至在周围的海岸也没有任何植物。可令人感到吃惊的是，就是这样一片几乎寸草不生的水域，即使不会游泳的人掉进去也不会被淹死，这就是死海。

死海沿岸的盐沼中，海水所析出的白色盐分似流动的固体，随处可见。

死海地处约旦和巴勒斯坦之间南北走向的大裂谷的中间地带，南北长75千米，东西宽5～16千米，湖水平均深146米，最深的地方可以达到400米，是世界陆地的最深处。死海的主要水源来自于北面的约旦河和南面的哈萨河。死海没有出水口，又处于炎热干燥的气候里，因此注入湖中的河水大都变成了蒸汽，湖水蒸发了，而水里的盐分却留在海中，经过千万年的积累，湖水中的含盐量越来越高，沉积在湖底的矿物质也越来越多、咸度也越来越高，最后，死海变得越来越"稠"，逐渐形成现在的模样。据统计，死海的食盐蕴藏量可以供40多亿人食用2000年，另外，水中还含有大量的氯化钙、氯化钾、溴化镁等矿物质，是一个名副其实的大盐库。

美国著名作家马克·吐温曾经这样描述死海："在死海中游泳是多么惬意的事情啊，你可以挺直你的身体，舒舒服服地仰睡在水面上，并且还允许你撑开伞，挡住炎热的太阳。"的确，死海可以说是"旱鸭子"的乐园。

死海古卷

尽管死海周围一片荒凉，但在历史上，这里却是人文荟萃之处，这里流传着大量历史和宗教传说。1974年，几个牧童偶然在死海西北岸的希比特库姆兰的洞穴里，发现了一批古卷，该古卷具有重要的考古意义，被称为"死海古卷"。

医疗湖

死海分南北两个湖，两个湖的水面水位落差高达11米。水浅的时候，两湖隔开；正常时，隔开处的水深不过3米左右。20世纪50年代，北部的约旦河水改道，供应工农业需要，人们抽调湖水，水位日益降低。特别是1979年，天逢大旱，

约旦河成为涓涓细流，湖面大大缩小，在烈日的照射下，湖水大量蒸发，表层水比重变大，盐分浓度接近于深水层，使上下两层湖水发生混合，温度一致，再也没有分层的现象了。这种混合使氧气进入底层，放出氢硫气体，从而使湖水具有硫磺泉水的疗效，可以消除肌肉痛、关节痛。不久前，科学家利用一种含有死海盐衍生物成分的药膏对顽固的牛皮癣进行试验性治疗，获得了意想不到的疗效，轰动了欧洲。

现在，许多人来到死海边利用死海的海水治疗身上的各种皮肤病，都收到了很好的效果。

西伯利亚的珍珠

贝加尔湖

在西伯利亚南部崇山峻岭的环绕之中，有一片与地平线连成一片的平静的水面，蔚蓝的湖水反射出太阳的光芒，就像是一片闪光的珍珠海，这就是号称“西伯利亚的珍珠”的世界上最大的淡水湖——贝加尔湖。

“贝加尔”一词源于布里亚特语，意思是“天然之海”。整个湖形狭长弯曲，长638千米，平均宽度只有48千米，面积31500平方千米，宛如一轮明月镶嵌在西伯利亚南缘。贝加尔湖是世界上最大的淡水湖，总蓄水量23600立方千米，约占全球淡水湖总蓄水量的1/5，可以供应50亿人消耗半个世纪。在贝加尔湖的周围，有色楞格河等大大小小336条河流源源不断地注入湖中，而流出的河流只有安加拉河一条，因此，它的水量每年都在增加。

科学家推测在中生代时期，贝加尔湖以东曾有过一个浩瀚的外贝加尔海，后来由于地壳变动，留下了内陆湖泊——贝加尔湖。

美丽的风光

贝加尔湖周围群山环绕、溪涧错落、风景绮丽。东岸，奇维尔奎湾像王冠上的钻石一样绚丽夺目，湾中有许多小岛，像卫兵一样守卫着湖湾的安全；西岸，佩先纳亚港湾像马掌一样钉在深灰色的岩石之中，两侧还矗立着许多峭壁。湖畔辽阔的林地中栖息着大量的黑貂、松鼠、马鹿、猞猁、水獭等多种动物。西伯利亚第二大铁路——贝阿大铁路从湖东蜿蜒而行，像一条巨龙陪伴着美丽的贝加尔湖。难怪伟大的俄罗斯作家契诃夫曾这样评价贝加尔湖："贝加尔湖异常美丽，难怪西伯利亚人不称它为湖，而称它为海。湖水清澈透明，透过水面像透过空气一样，一切历历在目。温柔碧绿的水令人赏心悦目，岸上群山连绵，森林覆盖。"

贝加尔湖深处含氧量非常丰富，生物种类奇多，甚至在1600米深的水底仍然有大量的生物群。

富饶的湖泊

贝加尔湖渔业资源丰富，素有"富湖"之称。湖中有水生动物1800余种，其中1200多种为特有品种，如凹目白蛙、奥木尔鱼等，这是世界上其他湖泊无法比拟的。贝加尔湖是淡水湖，但湖里却生活着许许多多地道的海洋生物，如海豹、海螺、海绵、龙虾等。贝加尔湖底还有1～15米高像丛林似的海绵，奇形怪状的龙虾就藏在这些"丛林"里。在欧洲的典型湖泊中，通常只有几种端足类动物（虾状甲壳动物）和扁虫，而贝加尔湖却有200多种端足动物和80多种扁虫。不仅数量多，有些种类还十分奇特吸引人。如最近发现的一些端足类动物呈杂色斑驳，与环境色彩混为一体；同时，还有人在湖中捕到体长达38厘米的巨扁虫。

贝加尔湖的景色季节变化很大，冬天的贝加尔湖结着一层冰，晶莹剔透。

北美大陆的地中海

五大湖

在北美大陆的中部，有五个彼此相连、相互沟通的湖泊，自西向东依次是：苏必利尔湖、密执安湖、休伦湖、伊利湖和安大略湖。五大湖总面积为24.5万平方千米，总蓄水量2.4万立方千米，由于五大湖水域辽阔、水量巨大，又位于北美洲的中部，因此有"北美大陆的地中海"之称。

在地质历史上，五大湖地区曾属于河流的上游。第四纪时，北美大陆北部广大地区受到大陆冰川的侵袭。五大湖地区接近拉布拉多和基瓦丁两个大陆冰川的中心，在几次大冰川时期都被冰川所覆盖。当时冰川所覆盖的范围大致在俄亥俄州—圣路易斯—堪萨斯—密苏里河及加拿大的卡尔加里一线以北，约占北美面积的一半以上。冰层厚达2400米，具有强烈的侵蚀作用，使原有低洼谷地松散的沉积层和较软的岩层被冰川带走，将谷地拓宽、加深。五大湖以南即为冰川的南缘，冰川

从地形条件、气候条件以及自然景观来看五大湖区是一个明显的过渡地带，它是墨西哥湾与北冰洋两个斜面的分水岭。

所携带的泥沙和大小的石块在这里不断地堆积，这样就形成了目前五大湖巨大的湖盆。气候转暖时，大陆冰川开始消退，融化的冰水聚集于冰蚀洼地之中，形成了五个巨大的湖泊，至今已有1.2万年的历史。

五大湖简介

五大湖中，以苏必利尔湖的

苏必利尔湖的西南和南面是美国主要的铁矿产区，其铁矿蕴藏量约占全美总蕴藏量的80%。

面积最大、蓄水量最多，占了五大湖总蓄水量的一半以上。同时，它也是五大湖中海拔最高、湖盆最深的湖。苏必利尔湖为加拿大和美国共有，其中美国占三分之二，加拿大部分占三分之一，湖区气候冬寒夏凉，全年可航期一般为6~7个月。

密执安湖是五大湖中唯一完全位于美国境内的湖泊，也是美国最大的淡水湖，流域面积11.8万平方千米，经东北端的麦基诺水道与休伦湖相连。休伦湖是五大湖中水质最好的湖泊之一，盛产鱼类，为美国和加拿大共有。休伦湖中的马尼吐岛是世界淡水湖中最大的岛屿，有趣的是，岛上还有一个小湖——马尼吐湖，面积

五大湖的地下资源相当丰富，在休伦湖和密歇根湖沿岸蕴藏着丰富的石灰石、锰、铀、金、银等矿产资源。

约100平方千米，是世界上最大的湖中之湖。伊利湖和安大略湖全为美、加共有，两湖之间有尼亚加拉河相通，落差近100米，形成了世界著名的尼亚加拉瀑布。

沙漠里的水晶珠

图尔卡纳湖

非洲肯尼亚北部与埃塞俄比亚接壤处的大裂谷地带，是一片荒凉的沙漠，然而，从高空俯视，在灰茫茫大地上却有一颗巨大而又美丽的水晶珠在闪烁跳跃，这就是非洲著名的内陆湖泊——图尔卡纳湖。

图尔卡纳湖湖滨地区一直是马赛族人的活动区域，这个民族的居民性格勇猛顽强，待人憨厚朴实，迄今仍然保留着许多引人入胜的传统风俗习惯。

图尔卡纳湖的湖水高度常有季节性和周期性的变化，但就其整体而言则呈持续下降的趋势。

在久远的年代，图尔卡纳湖是与尼罗河相通的，后来由于地壳的运动，二者才渐渐失去了联系。由于地处干旱的沙漠地区，图尔卡纳湖水源不足，湖盆周围的侵蚀作用比较微弱，时至今天仍停留在与世隔绝的孤立状态，再加上湖水不能外流，才形成了今天这样一个面积巨大的咸水湖。图尔卡纳湖是因断层陷落而形成的，湖区的四周耸立着许多火山，这些早已熄灭的"死火山"犹如一个个巨大的圆锥傲立在东非高原上，显得格外壮观、醒目。

纳布亚童火山锥位于图尔卡纳湖的南端，是由火山喷发的熔岩冷却后凝固而成的，已经沉寂了许多年。

物产丰富的宝库

图尔卡纳湖湖区呈狭长的条带状，南北延伸256千米，东西宽50～60千米，湖区面积6400平方千米，是世界上最大的咸水湖之一。图尔卡纳湖最深部分在南端，深120米。湖中心有南、中、北并列的三个小岛，岛上长满了翠绿的草丛。图尔卡纳湖的湖水碧绿，水性清凉，入口虽然有淡淡的咸味，却不影响饮用。

湖中的水产丰富，鱼的种类繁多，体形也比较大，有的长约数米，重量可以达到几十千克。特别是一种特产的鲤鱼，长度可达数米，发怒时能顶翻湖中的木船。同时，湖区的草原上还生活着许多哺乳动物。每当黄昏，大群羚羊从四面汇集：瞪羚、长角羚、狷羚、转角牛羚、小弯角羚自由地在湖边喝水、嬉戏。除此之外，狮子、猎豹等凶猛的猎手在湖边的草原上自由驰骋。这里也是鸟类的乐园，图尔卡纳湖记录到的水生和陆生鸟类超过360种。

古老人类的发祥地

很早以前，图尔卡纳湖区就有人类居住，是人类的发祥地之一。从1967年以来，考古学家在湖区东岸的库比福勒区发现了大批古人类化石、旧石器和哺乳动物的化石。据研究，其中石器的保存时间竟然达200万年以上。

图尔卡纳湖南侧的湖岸曾经是湖床的一部分，由泥滩沙丘组成，湖中还有3座火山岛，全部为死火山。

南极大陆的"热水瓶"

瓦塔湖

瓦塔湖位于南极大陆的莱特冰谷里，湖面常年被厚厚的冰层覆盖，气候十分寒冷。但在湖水深处却是另外一种景象。距离湖面60米左右的深水里，有一层饱和了的咸水层，温度达到27℃，比湖面的平均温度高出了47℃，极地考察人员形象地称瓦塔湖是地下的"热水瓶"。

在冰天雪地、气候异常寒冷的南极洲，为什么会有这种湖泊深处的"热水瓶"呢？地质学家经过大量的考察研究，终于揭开了这个"热水瓶"的秘密。原来，这个热源不是来自别处，而是来自太阳。他们发现，瓦塔湖湖面的冰层虽然很厚，但湖水却非常洁净，很少有矿物质和微生物，保持了永不混浊的状态。南极洲极昼时，虽然太阳光始终是斜射的，但长时间照在湖面上，透过洁净的冰层和透明的湖水，把湖底的水晒成了温水。这一层湖水含盐较多，咸水的比重

南极大陆的绝大部分地区都覆盖着厚厚的冰盖，环境十分恶劣。但在这样恶劣的条件下，不仅有瓦塔湖这样的自然奇观，而且也有企鹅这样的常驻居民。

较淡水的比重大，不会跟上层淡水对流溶合，能够较好地积蓄太阳光能，加之淡水层像件保暖的"棉袄"，湖面的冰层又像密闭的保暖库，使得这层咸水得到了"保暖"，从而形成了一个巨大的"热水瓶"。

恶劣的环境

虽然瓦塔湖是个"热水瓶"，但它周围的环境却是典型的极地气候，大部分都被厚厚的冰层所覆盖。在这样的环

关于瓦塔湖的成因，最早人们认为是由它附近的默尔本火山和埃里伯斯火山喷发的结果。

境下，只有极少、极顽强的动物和植物才能生活在陆地上，当然也是在没有冰雪的"绿洲"地带。不过，南极的"绿洲"又窄又小，只占南极大陆的2%。这里是微小细菌的繁殖聚集地，人们可以在这里发现藻类植物、蘑菇，甚至小蜈蚣。另外，在南极大陆，至少生长着350种以上的苔藓。这种特别具有抗寒能力的植物，在南极这个寒冷荒芜的环境里，之所以能够在品种上得到充分的发展，是因为它几乎没有竞争对手。

在南极洲像瓦塔湖这样的湖泊还有好几个，它们都是理想的太阳能储藏器。

天池怪兽·天池火山

长白山天池

长白山天池风姿绰约，但却是一个由冰雪和火山构成的"非人"地带：在这个有"中国寒极"之称的地方，火山地震监测仪记录着大地深处越来越炽热的喘息。难道天池火山过去300年的休眠时光就要结束？

东北长白山天池，又名龙潭，是由1702年长白山火山喷发后，火山口积水形成的天然湖泊。它高踞于长白山主峰白头山之巅，是中朝两国的界湖。天池呈椭圆形，平均水深204米，中心深处达373米，总蓄水量约20亿立方米。天池水面海拔2194米，是我国东部地区海拔最高的湖泊。由于海拔高，加之所处纬度也高，湖水温度终年较低，夏季只有8～10℃，冰期也较长，从11月底到翌年6月中旬长达7个月之久。冬季湖面冰层很厚，可达3米左右。

天池水质洁净透明，一泓明镜似的碧水滢滢轻漾，美不可言。

天池在满族语中又叫温凉泊、图门泊。"图门"满语为"万"，是万水之源的意思。

天池怪兽

近百年来，所谓"天池怪兽"一直是长白山天池的一大奇谜，被传得沸沸扬扬、神乎其神，留下了许多悬念。

据《长白山志》记载，光绪二十九年（1903）四月，有人到长白山狩鹿，追到天池边时，忽然见到一个怪兽。它如水牛一般大，吼声震耳，被人用火枪打中肚子后，哀叫着栽倒在池中。《长白山江岗志略》里记述，光绪三十四年（1908），天池中有一怪物浮出水面，金黄色，头大如盘，方顶有角，脖子长长，嘴上有须。

如果以为天池怪兽仅仅是历史传说，那可就错了。进入20世纪以来，关于天池怪兽的说法更多了。1962年8月，有人用6倍双筒望远镜发现天池东北角距岸边二三百米的水面上，浮出两个动物的头，它们前后追逐，时而沉入水中，时而浮出水面，一个多小时后潜入水中消失了。那怪物的脑袋有狗头般大小，黑褐色。1976年9月，有二三十人看见一个高约两米、像牛一样大的怪兽伏在天池岸边休息。当众人大喊起来时，被惊动的怪兽走进天池，消失在池中心。1980年8月，有人在天池边看到有5只头大如牛、体形像狗、嘴巴似鸭的动物，高昂着头，挺起雪白的前胸，在距岸边30多米处的水中游玩。人们边喊边开枪，但都没有打中。怪兽们迅速潜入水中，不见踪影。2004年7月11日，天池出现了前所未有的盛大怪兽"聚会"。在50多分钟的时间里，它们5次冒出水面，有时一头，有时好几头，最多达到20多头。据专家介绍，这么多怪兽同时出现，在100多年的怪兽发现史上还是头一次。

从20世纪初的地方志记载到近十几年来的游客目击，都说天池有怪兽存在。但是怪兽真的存在吗？从地理角度来分析，长白山天池是世界上最大、最深的火山口湖，形成的时间并不长，不可能有什么史前动物生活在这里。另外，高高的海拔使

天池北面有一缺口，湖水外流形成乘槎河，在它的尽头便是长白瀑布。

长白瀑布宛如银河倒挂，云翻雪倾，被誉为"长白山第一胜景"。

得天池水温非常低，即使在盛夏时节也只有5℃左右，冬季湖水全部封冻。在这样的环境中，生物很难生存，因此天池一直被认为"自古无生物"，那么何来怪兽呢？如果说怪兽并不存在，那众多的目击者看到的又是什么东西呢？

天池火山

2003年10月25日晚上6点多钟，长白山天池火山突然爆发了一次小型地震。虽然整个地震持续了不到5秒钟，却让关注天池火山动态的人们心头一震。

长白山天池火山历史上曾经有过多次喷发，1199～1200年的天池火山大喷发是全球近2000年来最大的火山喷发事件之一。长白山的岩层像地球历史的书页，记载着长白山是如何被火山的力量不断塑造成今天这般独特的地质和生态景观。在长白

山的南岗山脉、长虹岭及影壁山等主峰的底部，我们可以看到质地细腻的玄武岩台地。它们记载了大约2000万年的时间里，长白山地区经历的火山喷发活动：来自地层深处的玄武岩浆沿着地壳中的裂隙不断上涌，以巨大的能量喷出地表，岩浆把原来的岩石及火山灰、水蒸气喷向空中，又降落到火山口周围。玄武岩浆黏度较小，在地表的流动速度较快，流淌的距离较远，形成了广阔的玄武岩台地。在玄武岩台地构成的基座上，长白山天池火山口湖的周围群峰屹立，其中超过2500米的山峰就有16座，山峰顶部几乎全由5000～8000年前喷发的火山灰和淡黄色的浮岩所覆盖。自1199年大爆发以来，长白山火山又分别于1597年、1668年和1702年有过三次小规模的间歇喷发。

长白山火山监测站是科学家监听火山脉搏的地方。从2002年以来，长白山天池火山处在一个比较活跃的时期，有数次火山地震和微型群震发生。时间持续最长的地震发生在2002年11月，前后

长白山区遍布茂密的森林，古木参天，遮云蔽日，故有"长白山林海"之称。

长达10多天之久，地震最强烈的是2003年8月和10月的这两次，有3.0级，而震群最密集的是在2003年11月25日，一天之内发生了160多次微震。小型地震给天池周围的居民带来了不大不小的恐慌，这是人能感觉到的变化。而火山站还在监测着那些人们不易察觉的现象：比如长白山山体每年长高4厘米。当岩浆囊蠢蠢欲动，积蓄着再次喷发的物质的时候，岩浆囊的活动就像火山在喘息、呼气，山体也随之抬升或者下降。大地深处的运动就这样通过微妙的细节传达给我们。

1991～1998年之间，数位中国科学家进行的电磁探测显示，长白山天池下方15～20千米的地方确实存在着一个巨大的岩浆活跃地带，而且它还不断接受来自地幔层岩浆的补给——这就是那只深藏在地下的"困兽"，长白山天池火山确实具有潜在喷发的可能。有的专家甚至认为：长白山天池火山是目前世界最危险的火山之一。在长白山的美丽和宁静之下，地球内部的板块运动一直在持续。由日本岛弧海沟向西俯冲的太平洋板块前沿已经挤入图们江—珲春一带的下方，正在长白山和珲春之间的地下600千米深处不断制造地震——长白山地下的深处，板块的挤压和动荡从来不曾停止。

一直到19世纪，世界上还流行着这样一种说法：地狱是靠近地球中心的某个地方，火山则是通往地狱的入口，火山内部的炽热物质都是来自地狱的火焰。目前在长白山上，8名监测人员正守候在距离天池不到3千米的"地狱"的入口。他们坚持观测了5年，但通过现有的数据还不能立即判断天池火山的活动是一种异常变化，还是一般的正常"呼吸"。要参透天池火山的脾气，还将有一个漫长的过程。因此，在这个过程中，长白山天池火山的每一个活跃期都将继续牵动着中外科学家敏感的神经。

常年冰雪覆盖的长白山大地深处，炽热的岩浆在悄然涌动。

世界上海拔最高的咸水湖
圣湖纳木错 —— 西藏自治区

闻名西藏的三大圣湖之一——纳木错，是我国的第二大咸水湖，也是世界上海拔最高的咸水湖。错，在藏语中，即"湖"的意思。纳木错，藏语为"天湖"之意，蒙古语称"腾格里海"。

纳木错

纳木错位于藏北高原东南部，念青唐古拉山北麓。湖面海拔4718米，东西长约70千米，南北宽约30千米，总面积1920多平方千米，最深处达33米以上。纳木错是第三纪末和第四纪初，由于喜马拉雅山运动凹陷而形成的巨大湖泊，后因西藏高原气候逐渐干燥，面积大为缩减，现存的古湖岩线有三道，最高的一道距现在的湖面约80余米。纳木错靠念青唐古拉山的冰雪融化后补给，沿湖有不少大小溪流注入，湖水清澈透明，湖面呈天蓝色，水天相融，浑然一体。据《错之解说》中记载，纳木错的全名是"纳木错秋莫·多吉贡扎玛"。

纳木错是圣地之中最殊胜者，高僧信徒纷纷前来传教朝圣。湖边大石上留下的经幡正代表了人们虔诚的心愿。

雪域圣湖

雪域高原是一个充满神山圣湖的世界。笃信宗教的藏民族认为山山有神、湖湖有龙，这便给高原大地上的每座山、每个湖甚至一座小小的山包或池塘都蒙上了一层神秘的面纱。美丽的纳木错湖即是高原上的人们共同崇拜的圣湖之一。

传说纳木错是绵羊的主护神，所以每逢藏历的羊年，纳木错都将敞开圣门迎接众神前来汇集。据传，天

纳木错有一片空阔无比的蔚蓝，有地球上最干净的水。

浩瀚无际的纳木错荡起涟漪，似美丽的仙女手舞素巾。

下众神按照不同的年份进行轮流汇集，藏历马年汇集到岗嘎德斯（岗仁布庆），羊年汇集在纳木错，猴年汇集到南方的杂日山。"转湖"期间，信徒们不辞辛苦，长途跋涉，日夜兼行，即便是走不动路的老者或行动不便的残者也乘马前往。而那些不能亲往朝拜的人们，只有求去过的人带点圣水、圣土分给他们，然后如获至宝地保存起来，或者是用一小块布包好挂在孩子们的脖子上。

纳木错岛与鹰巢

藏北牧人自豪地说："纳木错秋莫美如画，阴有壹拾捌大梁，最著名的山梁在阳面；阳有壹拾捌大岛，最著名的一岛在阴面。"也就是说，在纳木错周围18道山梁中，除多加山梁在阳面外，其余都在湖的阴面即南边；同时纳木错共有18个岛，除扎西岛在阴面外，其余诸岛均在阳面，即纳木错的北边。在纳木错阳面（北面）的大岛中绝大部分是半岛，而这些半岛的自然景色要数骏马岛第一。这座美丽的半岛犹如一匹正在下湖饮水的骏马，长长的巨嘴伸进水中，两只既高又直、十分对称的耳朵竖向蓝天。骏马岛就因那对酷似马耳的岩峰而得名。

高原上的鹰虽然多，但通常不太容易找到鹰巢。据说鹰除非意外死亡，否则不到老死是不会患上任何疾病的。按说鹰这类猛禽主要靠啄食各种动物包括人的尸体生存，所以各种传染病毒都可能染上，导致疾病。但事实并非如此。对此，藏族老人和藏医们的解释是："在雪域高原的岩峰上有一种能防治所有疾病的石头，这种石头只有老鹰才认得。它们把巢筑在有那种万能药石的岩山上，从而可以不染上任何疾病。"在纳木错湖畔有很多鹰巢，但它们多建在险要的岩山顶上，人类很难到达其顶端。也许美丽的圣湖——纳木错正是那种万能药石的所在地吧。

潟湖形成之因

西湖明珠

西湖，是一首诗，一幅天然图画，一个美丽动人的故事。 阳春三月，莺飞草长。苏白两堤，桃柳夹岸。水波潋滟，山色空濛。此时走在堤上，你会被眼前的景色所惊叹，甚至心醉神驰，怀疑自己是否进入了世外仙境。

花港观鱼位于苏堤南段以西的一块半岛上，因地近花家山而名花港。

俗语说，"上有天堂、下有苏杭"，而杭州之美，美在西湖。西湖三面环山，一面临城，面积5.65平方千米。湖中三岛小瀛洲、湖心亭、阮公墩鼎足而立，就像三颗绿宝石，巧妙地镶嵌在这碧玉似的水面上，而苏堤、白堤则像两条飘带飞逸其中。著名的西湖十景形成于南宋时期，基本围绕西湖分布，分别为：苏堤春晓、曲院风荷、平湖秋月、断桥残雪、柳浪闻莺、花港观鱼、雷峰夕照、双峰插云、南屏晚钟、三潭印月。水映山容，山容益添秀媚；山衬水态，水态更显柔情。西湖美景常使游人流连忘返，目迷心醉。

浙江

三潭印月又名"小瀛洲"，因"月光映潭，影分为三"的奇景而得名。

西子湖传说

"西湖"这个名称，始称于唐朝。到了宋朝，苏东坡咏诗赞美西湖说："水光潋滟晴方好，山色空濛雨亦奇。欲把西湖比西子，淡妆浓抹总相宜。"诗人别出心裁地把西湖比做我国古代传说中的美人西施，于是，西湖又多了一个"西子湖"的雅号。

说起西湖的来历，有着许多优美的神话传说和民间故事。相传在很久很久以前，天上的玉龙和金凤在银河边的仙岛上找到了一块白玉。他们一起将白玉琢磨了许多年，使之变成了一颗璀璨的明珠。后来这颗明珠掉落到人间，变成了波光粼粼的西湖。玉龙和金凤也随之下凡，变成了玉龙山（玉皇山）和凤凰山，永远守护着西湖。这是神话传说中西湖的来历，在科学家那里却有另一番研究和探讨。

西湖山与水美妙和谐的结合，常使游人有身在画图中的感受。

沧海变明珠：西湖形成之因

1921年，年轻的气象学家、地理学家竺可桢对杭州以及西湖进行实地考察后指出：西湖的南、北、西三面均为山所围绕，只有东面是一个冲积平原(杭州就在这个平原上)。与其他的冲积平原一样，这个冲积平原也是由于河流所带来的沉淀积成的，是钱塘江所成的一个三角洲。在钱塘江初成时，现在杭州所在的地方还是一片汪洋，西湖也只不过是钱塘江江口左边的一个小湾。渐渐地，钱塘江的沉淀慢慢把湾口塞住，这个小湾就变成了一个潟湖。竺可桢还从钱塘江的沉积速度，推断出西湖形成的年代大约在12000年前，并指出："西湖若无人工的浚掘，一定要受天然的淘汰。"

1977年，浙江省水文地质队对西湖进行了细致的地质考察工作。他们在西湖湖滨打钻取样，对样品进行了认真地分析，最后也得出结论——西湖是潟湖。潟湖说经过科学家们的不断完善，终于形成了科学合理的"构造湖盆—潟湖—人为治理综合说"。此说认为：正是历代杭州官民防海抗潮、筑堤浚湖的不懈努力，才使西湖逐渐定型、稳定。

可以说，西湖的形成与延续，是自然和人为双重因素相互作用的结果，缺一不可。大自然使得沧海变明珠，而一代代人们通过辛勤的劳动，使得这颗明珠更加光彩照人。

伸缩湖·候鸟保护区

鹤舞鄱阳

长江像一根长藤，在其中游和下游的交界处，挂系着一只南宽北狭的巨大宝葫芦。它卧于长江之南、江西之北，这就是我国最大的淡水湖——鄱阳湖。这里有无数珍禽候鸟，其中白鹤翻飞成为举世瞩目的珍奇景观。

鄱阳湖烟波浩渺，碧波万顷，承纳了赣江、抚河、信江、修水和饶河五河之水，北注长江，汇入大海。鄱阳湖处在东经115°48′~116°44′，北纬28°25′~29°45′之间。这是地球的回归沙漠地带，因湖区受带有大量水汽的东南季风的影响，自然条件得天独厚，年平均降水量在1000毫米以上，从而形成了"泽国芳草碧，梅黄烟雨中。枫红送暑归，翠竹迎风雪"的湿润季风型气候，成为全球回归沙漠带生态环境中一个独特的大型湖泊。

夕阳下的鄱阳湖有如黄金万顷，波光熠熠，一叶扁舟带着吱呀的橹声
划过泛彩的鄱阳水波，其情其景，令人恍若置身于梦中。

鄱阳湖湿地烟波浩渺、水域辽阔。

的湖滨区。

候鸟保护区

鄱阳湖国家候鸟保护区为我国最大的候鸟保护区之一，每年冬季有无数候鸟来这里越冬。保护区内所栖息的鸟类达306种，分属17目51科，水禽达115种。其中国家一级保护动物有白鹤、白鹳、黑鹳等十几种，国家二级保护动物有天鹅、白额雁等40余种。此外，还有灰雁、鸿雁等大型候鸟。

鄱阳湖水位涨落和湖面伸缩范围有显著的季节性变化，故有"洪水一片，枯水一线"的特色。每当"枯水一线"的冬季，原来被淹没的湖滩大片出露，湖草繁茂，景色焕然一新，加之一些较深的地方残留着螺、蚬、蚌、水蚯蚓、水生昆虫等多种食物，鄱阳湖的冬季浅滩就成为候鸟栖息、美餐的天堂。越冬百鸟中，最令人欢欣的是白鹤。1980年，国际鹤类基金会宣布全世界的白鹤只有320只。但在1985年，鄱阳湖上发现了世界上最大的白鹤群，竟有1400多只，全国及世界动物学界为之震动、欣喜。国外的鸟类学家纷纷来到鄱阳湖滨，进行迁飞动态、食性、哺育和湿地生态学的研究。鄱阳湖候鸟保护区的大群白鹤数量还在逐年上升。鄱阳湖为世界性珍禽的生存和繁殖作出了巨大的贡献。

伸缩湖

鄱阳湖是个很古老的构造断陷湖。在距今1.35亿年前的地质运动中，现今的鄱阳湖区沉陷为一大盆地。到白垩纪末，这个盆地两侧又出现了两条近南北向的大断裂，中央部分则进一步陷落成为一个巨大洼地。后来，在距今六七千万年前的第四纪"全新世海浸"中，这个洼地潴水为湖，面积是今天鄱阳湖的两倍。后来，湖口与长江之间的高地被水流凿通，形成由湖口通往长江的港道。唐代，长江干流的径流量增大，江水由湖口倒灌入湖，加上赣江来水，使鄱阳湖有所扩展，大体上奠定了今天鄱阳湖的范围和形态。元至明初，地面下沉速度减缓，湖底有大量泥沙淤积，河流入口处形成三角洲，湖面因之大大缩小。以后，鄱阳湖的面貌仍变化不止。

鄱阳湖湖面水位的涨落随着季节的变化而变化，湖面的伸缩范围在1000平方千米左右。湖水最大量在3～7月份，这是由于江西境内春夏两季降水较多的缘故。秋冬两季，湖面可缩小1/7至1/6，仅剩几条航道，湖滩出露，绿草繁茂，形成坦荡

母系社会的活标本
泸沽湖女儿国

经云南丽江向北穿行，越过峰峦叠嶂，茂密森林，抵达宁蒗彝族自治县最后一道分水垭口，一个明镜般的湖泊就会展现在你的面前。这就是当今以"母系社会活标本"著称的泸沽湖，一个真正的女儿国。

泸沽湖古称鲁窟海子，又名左所海，俗称亮海，位于云南宁蒗县与四川盐源县之间，南距宁蒗县城72千米，为川滇两省的界湖。纳西族摩梭语"泸"为山沟，"沽"为里，意即山沟里的湖。泸沽湖是岩溶作用影响的高原断陷湖泊，面积约48.5平方千米，总容水量达19.53亿立方米，湖面海拔为2685米，是云南海拔最高的湖泊。湖水平均深度为40余米，最深处达93.5米，其深度在云南湖泊中仅次于澄江抚仙湖，居第二位。整个湖泊状如马蹄，南北长而东西窄。湖水向东流入雅砻江，最后注入金沙江，属长江水系。摩梭人也称泸沽湖为"谢纳米"，意即母亲湖。

每到"阿夏走婚"的篝火晚会上，姑娘们都会打扮得花枝招展。

摩梭男子白天在母亲家生活，晚上便到自己心爱的女子家居住。

泸沽湖风光

泸沽湖地处偏僻，交通不便，自然环境破坏较小，因此水体清澈，水质微甜，是我国目前少有的污染程度较低的高原深水湖之一。湖东有一条山梁蜿蜒而下，插入湖心，似苍龙俯卧湖中汲饮甘泉，

泸沽湖水光四时变幻、绚丽迷人。

形成一个美丽的半岛。它几乎将广阔的湖面一分为二，半岛尖端与对岸相距仅2000米，成为湖面最狭窄的地方。湖内有5个海岛，像一只只绿色的船，漂浮在湖面。泸沽湖水美，泸沽湖山也秀，群山之中尤以格姆山（狮子山）为人们所喜爱。这座山雄伟高大，状如雄狮在湖边蹲伏静息，狮头面湖，倾斜的横岭似脚，惟妙惟肖。狮子山在环湖而居的摩梭人心中是座美丽的山；也是座神圣的山。他们在山脚为它建立神龛，将格姆女神视为众神之首，每年农历七月二十五日，都要举行一次盛大的祭祀活动。

东方女儿国

泸沽湖素有"东方女儿国"之称，居住湖畔的摩梭人至今仍保留着母系社会男不娶女不嫁、男女之间建立偶居婚姻关系的走婚习俗，带给人们一种神秘的感觉，并且成为当今世界研究人类社会形态和母系社会婚姻习俗的鲜活材料。

摩梭人把女性称为"阿夏"，把男性称作"阿注"。家族里没有父亲，只有母亲和舅舅。女孩长到16岁，母亲便会为其举行成人礼。从这天起，女孩就可以单独住在后院的"花房"里，以便和"阿注"约会。走婚的程序相当复杂，首先要有"阿注"的求爱。求爱的方式是在所钟情"阿夏"的手心摸三下。若女子接受，则对男方的手心拍三下。这样，该"阿注"就可在当夜去女方家里走婚了。这天晚饭后，"阿夏"会将一朵鲜花插在自己"花房"的窗户上，表示今夜将有爱情光顾，家人见此便会识趣地早早休息。

在女人当家的世界里，"阿注"们无需承担抚养后代的责任。他们白天在自己家里劳动，晚上到花房和"阿夏"同居，所生的子女均由母亲抚养成人。但这里的男人并非没有责任感，恰恰相反的是，"阿注"们很重情义、很执著。

摩梭人的走婚在一定程度上比当今社会上掺杂着功利的婚姻要纯洁得多。而在盛行女神崇拜的摩梭人身上，人们感受到了女性生命中奔放、豁达、刚强和激情的一面。世界是丰富多彩的，而那些美好的事物总是以一种独到的方式，静静地存在着。

创世卓越　荣誉出品
Trust Joy Trust Quality

图书在版编目(CIP)数据

全球最美的国家公园/龚勋主编. －重庆：重庆
出版社，2013.1
(学生地理探索丛书)
ISBN 978-7-229-05465-6

Ⅰ.①全… Ⅱ.①龚… Ⅲ.①国家公园－介绍－世界
Ⅳ.①S759.991

中国版本图书馆CIP数据核字(2012)第163558号

学生地理探索丛书

全球最美的
国家公园 NATIONAL PARKS

总策划	邢　涛	邮　编	400016
主　编	龚　勋	网　址	http://www.cqph.com
设计制作	北京创世卓越文化有限公司	电　话	023-68809452
图片提供	全景视觉等	发　行	重庆出版集团图书
出版人	罗小卫		发行有限公司发行
责任编辑	郭玉洁　李云伟	经　销	全国新华书店经销
责任校对	杨　婧	印　刷	北京楠萍印刷有限公司
印　制	张晓东	开　本	787mm×1092mm　1/16

重庆出版集团　出版　果壳文化传播公司 出品
重庆出版社

地　址　重庆长江二路205号

印　张　12
字　数　200千
2013年1月第1版
2013年1月第1次印刷
ISBN 978-7-229-05465-6

定　价　19.80元